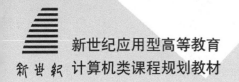

新世纪应用型高等教育
计算机类课程规划教材

# Python
# 编程入门实战教程

PYTHON BIANCHENG RUMEN SHIZHAN JIAOCHENG

主　编　潘正军
副主编　谭翔纬　袁丽娜　赵莲芬
主　审　林子雨　张　屹

U0245221

大连理工大学出版社

**图书在版编目(CIP)数据**

Python 编程入门实战教程 / 潘正军主编. -- 大连 ：
大连理工大学出版社，2022.1(2024.12 重印)
新世纪应用型高等教育计算机类课程规划教材
ISBN 978-7-5685-3545-8

Ⅰ. ①P… Ⅱ. ①潘… Ⅲ. ①软件工具－程序设计－
高等学校－教材 Ⅳ. ①TP311.561

中国版本图书馆 CIP 数据核字(2022)第 013164 号

大连理工大学出版社出版

地址：大连市软件园路 80 号　邮政编码：116023
营销中心：0411-84707410　84708842　邮购及零售：0411-84706041
E-mail：dutp@dutp.cn　URL：https://www.dutp.cn

大连朕鑫印刷物资有限公司印刷　　　　　　大连理工大学出版社发行

| | | |
|---|---|---|
| 幅面尺寸：185mm×260mm | 印张：17.25 | 字数：418 千字 |
| 2022 年 1 月第 1 版 | 2024 年 12 月第 7 次印刷 | |

| | |
|---|---|
| 责任编辑：王晓历 | 责任校对：李明轩 |
| 封面设计：对岸书影 | |

ISBN 978-7-5685-3545-8　　　　　　　　　　定　价：56.80 元

# 前言 Preface

  Python 作为较受欢迎的编程语言之一，已经成为众多初学者的首选编程语言。Python 语言因其语法简洁清晰、简单易学、开源免费、类库丰富、通用灵活、可移植和可扩展性强等特点，备受推崇，非常适合初学者。Python 目前已经发展成为一门通用编程语言，广泛应用于网络爬虫、Web 应用开发、科学计算、数据处理、人工智能、机器学习、游戏开发、图形处理等各个领域。

  本教材基于 Windows 平台，以 Python 3 为开发环境，采用理论和实验案例相结合的形式，从入门者的角度出发，循序渐进，系统性地讲解 Python 的核心基础知识及应用，开发工具采用比较流行的 PyCharm 或者 Jupyter Notebook。全书共分为 12 章，包括初识 Python、Python 基础语法、Python 常用流程控制语句、列表与元组、字典与集合、Python 函数、Python 文件操作、错误与异常、模块、类与面向对象、数据库编程、Python 生态库的应用。教材中每一章节理论都配有丰富的实验案例，每个实验案例都有详细的实验目标、实验分析、实验代码和执行结果，可以帮助读者快速巩固所学知识，提升自己的实际应用和开发能力，达到学以致用的目的。

  本教材适合作为高等院校计算机相关专业及其他工科专业的 Python 教材，也可作为编程爱好者的自学参考书。

  本教材随文提供视频微课供学生即时扫描二维码进行观看，实现了教材的数字化、信息化、立体化，增强了学生学习的自主性与自由性，将课堂教学与课下学习紧密结合，力图为广大读者提供更为全面并且多样化的教材配套服务。

  为响应教育部全面推进高等学校课程思政建设工作的要求，本教材融入思政元素，逐步培养学生正确的思政意识，树立肩负建设国家的重任，从而实现全员、全过程、全方位育人。学生树立爱国主义情感，能够积极学习技术，立志成为社会主义事业建设者和接班人。

  本教材由广州软件学院潘正军任主编，广州软件学院谭翔纬、

新世纪

袁丽娜、赵莲芬任副主编。具体编写分工如下：潘正军负责编写第1章、第10章至第12章；谭翔纬负责编写第4章至第6章、第9章；袁丽娜负责编写第3章、第7章、第8章；赵莲芬负责编写第2章，并负责全书的校对和格式整理。全书由潘正军负责策划、统稿和审核。本教材在编写过程中得到了广州软件学院领导、同事的大力支持，也感谢柏永林在思政内容的编写上给予的大力支持，同时也得到了广东省教育厅立项建设的"数据科学与大数据技术教学团队"的大力支持，在此一并表示感谢。此外，厦门大学林子雨、广州软件学院张屹审阅了本教材，并提出了许多宝贵的意见和建议，在此表示衷心的感谢。

　　在编写本教材的过程中，编者参考、引用和改编了国内外出版物中的相关资料以及网络资源，在此表示深深的谢意！相关著作权人看到本教材后，请与出版社联系，出版社将按照相关法律的规定支付稿酬。

　　限于水平，书中仍有疏漏和不妥之处，敬请专家和读者批评指正，以使教材日臻完善。

编　者

2022年1月

所有意见和建议请发往：dutpbk@163.com

欢迎访问高教数字化服务平台：https://www.dutp.cn/hep/

联系电话：0411-84708445　84708462

# 目录 Contents

# 第 1 章

## 初识 Python

**学习目标**

1. 了解 Python 语言的发展、特点、应用领域以及版本
2. 熟悉 Python 3 的下载、安装与使用
3. 熟悉 Python 开源发行版 Anaconda 3 的安装与使用
4. 掌握 Jupyter Notebook 的使用方法
5. 熟悉 PyCharm 的安装及使用
6. 了解编码规范，掌握变量的使用方法
7. 掌握 Python 语言的基本输入/输出功能

思政元素

## 1.1 Python 语言简介

Python 语言是一种解释型、面向对象、动态数据类型的高级程序设计语言。Python 语言也是一个高层次地结合了解释性、编译性、互动性和面向对象的脚本语言，而且 Python 语言的设计具有很强的可读性。

(1)Python 语言是一种解释型语言：开发过程中不需要预编译，类似于 PHP 语言。

(2)Python 语言是交互式语言：可以在一个 Python 提示符"＞＞＞"后直接执行并测试代码。

(3)Python 语言是面向对象语言：支持面向对象风格的编程技术。

（4）Python语言是初学者的语言：对初学者而言，它是一种伟大的语言，可以支持广泛的应用程序开发，如从简单的文字处理到Web开发、科学计算与数据分析、自动化运维、网络爬虫、游戏开发、人工智能等。

### 1.1.1 Python语言的发展

Python语言由Guido van Rossum于1989年年底发明，第一个公开发行版发行于1991年。从2017年开始，Python语言已连续多年成为较受欢迎的编程语言之一。根据2020年IEEE最新发布的编程语言排行榜，其中Python语言高居首位。从2017年开始，Python语言已连续多年成为较受欢迎的编程语言之一。

Python语言之所以能够迅速发展，受到程序员的青睐，与它具有的特点密不可分，Python的特点可以归纳为简单易学、免费开源、可移植性、面向对象以及丰富的库。

Python语言因简洁的语法、出色的开发效率以及强大的功能，迅速在多个领域占据一席之地，成为符合程序员期待的编程语言之一。

### 1.1.2 Python语言的特点

Python语言具有以下特点：

**1.简单易学**

Python语言有相对较少的关键字，结构简单，语法简洁，学习起来更加容易。其代码结构定义清晰，与其他编程语言相比，Python语言可以使用较少的代码实现相同的功能。

**2.免费开源**

Python是开源软件，可以免费获取并自由分发，用户多、资源丰富、发展快速、易于维护。

**3.丰富的标准库和第三方库**

Python语言最大的优势是丰富的标准库，除了内置的庞大标准库外，还有定义丰富的第三方库，可以帮助开发人员快速、高效地处理各种工作。

**4.可移植**

基于其开放源代码的特性，Python可以被移植到许多平台，任何装有Python解释器的环境均可执行Python代码，因此Python具有良好的可移植性。

**5.面向对象**

Python语言是一种支持面向对象的编程语言，使用Python语言可以开发出高质、高效、易于维护和扩展的优秀程序。

**6.互动模式**

Python语言支持从终端输入执行代码并获得结果，动态测试和调试代码片段。

**7.可扩展、可嵌入**

Python代码可以调用C或C++程序，同时也支持在C或C++程序中嵌入Python代码。

**8.数据库**

Python语言支持所有主要的商业数据库的接口。

**9.GUI 编程**

Python 语言提供了多个图形开发界面的库，可以快速地创建 GUI 应用程序。

### 1.1.3　Python 语言的应用领域

Python 语言作为一门功能强大的且简单易学的编程语言，在实际开发中得到了广泛的使用，其主要应用领域包括：Web 开发、科学计算与数据分析、自动化运维、网络爬虫、游戏开发、人工智能等。

**1.Web 开发**

Python 语言为 Web 开发领域提供了 Django、Flask、Web2py 等框架，丰富的类库、优雅简洁的语法、强大的数据处理能力使 Python 语言已成为 Web 开发的主流语言之一。

**2.科学计算与数据分析**

丰富的第三方库（如 Numpy、Scipy、Matplotlib 等）增强了 Python 语言进行科学计算和数据分析的能力。

**3.自动化运维**

Python 语言已经成为运维工程师的首选编程语言。部分操作系统平台均内置了 Python 语言，方便用户使用。使用 Python 编写系统管理脚本在可读性、性能、代码重用和可扩展方面优于以前的 Shell 脚本。

**4.网络爬虫**

Python 自带 Urllib 库、Scarpy 框架、Pyspider 框架以及第三方 requests 库等，让网络爬虫的实现变得简单。

**5.游戏开发**

Python 标准库提供了 Pygame 模块，使用该模块可以制作 2D 游戏。

**6.人工智能**

Python 语言是人工智能领域的首选编程语言。人工智能神经网络框架 TensorFlow 就使用了 Python 语言。

### 1.1.4　Python 语言的版本选择

Python 语言主要分为 Python 2 与 Python 3 两个版本。相较于 Python 2 版本，Python 3 经历了较大的变革，为了不带入过多的累赘，Python 3 在设计之初没有考虑向下兼容，因此许多使用 Python 2 设计的程序都无法在 Python 3 上正常执行。本教材以较新版本的 Python 3 进行理论和实践的讲解。

其版本区别主要有：print() 函数替代了 print 语句；Python 3 默认使用 UTF-8 编码；除法运算的使用上有部分差异；异常的使用上有部分不同。

## 1.2　Python 语言开发环境搭建

Python 是一款免费开源的软件，有很多版本，主要分为 Python 2.x 和 Python 3.x 两个版本系列，这两个版本系列的语法并不兼容，本教材使用较新的 Python 3.x 系列。目前较新的版本是 Python 3.9.x,但是并不建议安装 Python 3.9.x,建议使用 Python 3.8.x 或者 Python 3.7.x 版本,因为这样的版本相对更稳定,而且相应第三方库的支持更及时。

Python开发环境的搭建(1)

## 1.2.1 Windows 环境下 Python 3 的安装与使用

Python 基础环境可以独立下载安装并使用,但是提供的功能相对有限,尤其是一些第三方库需要另外安装。首先在 Python 官方网站中选择 Windows 系统,然后根据教学需求选择对应的 Python 解释器版本。

1.访问 Python 官网,选择【Downloads】→【Windows】,如图 1-1 所示。

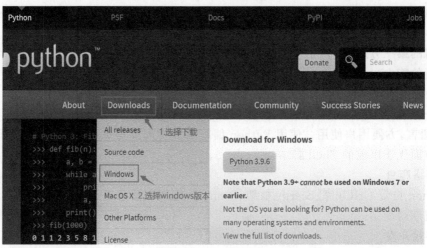

图 1-1 Python 官网

2.单击"Windows"选项后跳转到 Python 下载页面,该页面中包含多个版本的安装包,用户可以根据自身需求下载相应的版本,本教材选择 Python 3.8.8 版本 64 位安装包。注:Python 3.9 版本不再支持 Windows7 以前的版本。

3.选择下载 64 位离线安装包,下载成功后,双击打开安装包进行安装,如图 1-2 所示。

图 1-2 Python 初始安装界面

4.单击"Customize installation"选项,进入自定义安装的界面,如图 1-3 所示。

图 1-3 自定义安装界面说明

5.保持默认配置。单击"Next"按钮进入设置高级选项的界面,用户在该界面中设置 Python 安装路径,如图 1-4 所示。

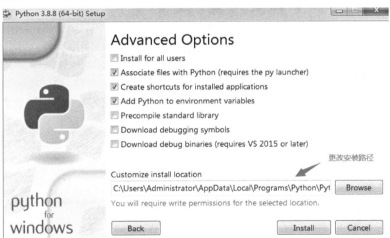

图 1-4 设置 Python 安装路径

6.选定 Python 的安装路径后,单击"Install"按钮开始安装,安装成功后提示 Setup was successful,单击"Close"按钮关闭即可。

7.在 Windows 系统中打开命令提示符,在命令提示符窗口中输入"python"命令后,界面显示 Python 的版本信息,表明安装成功,如图 1-5 所示。

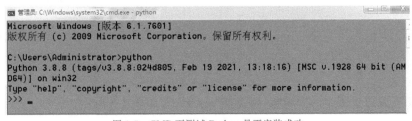

图 1-5 CMD 下测试 Python 是否安装成功

## 1.2.2　Python 开源发行版 Anaconda 3 的安装与使用

由于 Python 基础环境提供的功能非常简单,在使用时一般需要安装大量的第三方库,因此作为初学者,建议使用 Python 的开源发行版本:Anaconda 3 里面集成了很多 Python 常用的第三方库,免去了初学者安装库的烦恼。Anaconda 3 的下载与安装步骤如下。

**1.Anaconda 3 的下载**

下载 Anaconda 3 ,注意选择 Python 3.6.x 或 Python 3.7.x 版本(因为 TensorFlow 目前对 3.8.x 支持不是很友好,会影响到后续的深度学习等内容)。因为 Anaconda 官网的服务器在国外,访问的速度一般比较慢,所以建议用户在国内镜像站下载安装包。

(1)下载方式一:国内镜像站下载(清华大学开源软件镜像站)。下载版本请选择 Anaconda 3-2020.02-Windows-x86_64.exe,具体如图 1-6 所示。

| | | |
|---|---|---|
| Anaconda3-2020.02-Linux-ppc64le.sh | 276.0 MiB | 2020-03-12 00:04 |
| Anaconda3-2020.02-Linux-x86_64.sh | 521.6 MiB | 2020-03-12 00:04 |
| Anaconda3-2020.02-MacOSX-x86_64.pkg | 442.2 MiB | 2020-03-12 00:04 |
| Anaconda3-2020.02-MacOSX-x86_64.sh | 430.1 MiB | 2020-03-12 00:04 |
| Anaconda3-2020.02-Windows-x86.exe | 423.2 MiB | 2020-03-12 00:04 |
| Anaconda3-2020.02-Windows-x86_64.exe | 466.3 MiB | 2020-03-12 00:06 |
| Anaconda3-2020.07-Linux-ppc64le.sh | 290.4 MiB | 2020-07-24 02:25 |
| Anaconda3-2020.07-Linux-x86_64.sh | 550.1 MiB | 2020-07-24 02:25 |

图 1-6　国内镜像站下载示例

**温馨提示**:Anaconda 3 已经集成了 Python 环境,即安装 Anaconda 3 后就无须再安装 Python 3。

安装时请确认安装包和系统位数对应,若操作系统是 64 位则对应安装包名称应有"…_64…"的标志。

(2)下载方式二:Anaconda 官网下载。下载过程如下:

进入官网;

单击"Get Started"选项;

单击" Download Anaconda installers"选项;

Python开发环境的搭建(2)

选择自己要安装的平台和版本,这里选择 Windows 平台下的 64 位安装包,如图 1-7 所示。

图 1-7　官网下载示例

如果想下载历史版本的安装包,请选择"archive",如图 1-8 所示。

ADDITIONAL INSTALLERS

The archive has older versions of Anaconda Individual Edition installers. The

历史安装包

Miniconda installer homepage can be found here.

| ← → C 🔒安全 | | | | |
|---|---|---|---|---|
| Anaconda3-2019.10-Windows-x86_64.exe | 461.8M | 2019-10-15 05:27:17 | fa1cab161c80ac0601b101c080a11abe |
| Anaconda3-2020.02-Linux-ppc64le.sh | 276.0M | 2020-03-11 10:32:32 | fef889d3939132d9caf7f56ac9174ff6 |
| Anaconda3-2020.02-Linux-x86_64.sh | 521.6M | 2020-03-11 10:32:37 | 17600d1f12b2b047b62763221f29f2bc |
| Anaconda3-2020.02-MacOSX-x86_64.pkg | 442.8M | 2020-03-11 10:32:57 | d1e7fe5d52e5b3ccb38d9af262688e89 |
| Anaconda3-2020.02-MacOSX-x86_64.sh | 430.1M | 2020-03-11 10:32:34 | f0229959e0bd45dee0c14b20e58ad916 |
| Anaconda3-2020.02-Windows-x86.exe | 423.2M | 2020-03-11 10:32:58 | 64ae8d0e5095b9a878d4522db4ce751e |
| Anaconda3-2020.02-Windows-x86_64.exe | 466.3M | 2020-03-11 10:32:35 | 6b02c1c91049d29fc65be68f2443079a |
| Anaconda3-2020.07-Linux-ppc64le.sh | 290.4M | 2020-07-23 12:16:47 | daf3de1185a390f435ab80b3c2212205 |
| Anaconda3-2020.07-Linux-x86_64.sh | 550.1M | 2020-07-23 12:16:50 | 1046c40a314ab2531e4c099741530ada |

图 1-8　官网历史安装包下载示例

## 2.Anaconda 3 的安装

(1)找到下载的 Anaconda 3 安装包文件,双击安装包打开,如图 1-9 所示。

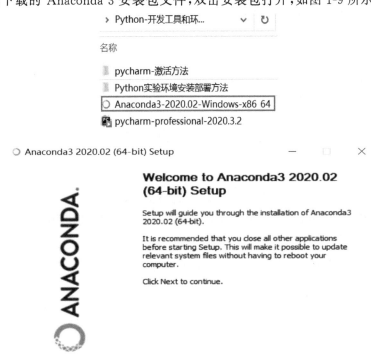

图 1-9　Anaconda 3 初始安装界面

(2)单击"Next"按钮,进入下一对话框,如图 1-10 所示。

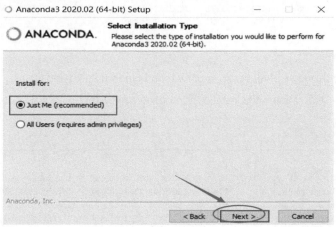

图 1-10　Anaconda3 安装

（3）一般安装路径默认 C 盘，如果 C 盘存储空间不足可以选择其他路径。路径选择完成后，单击"Next"按钮，如图 1-11 所示。

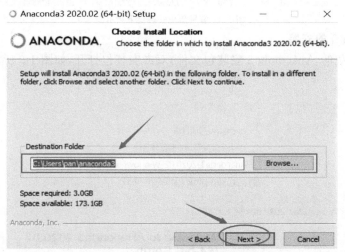

图 1-11　Anaconda 3 安装路径设置

（4）安装过程中记得勾选把 Anaconda 3 添加到系统环境变量中的选项，如图 1-12 所示。

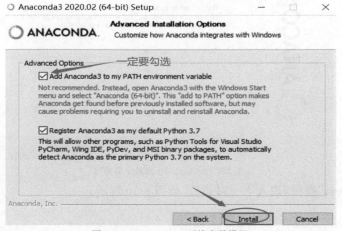

图 1-12　Anaconda 3 环境变量设置

（5）安装过程需要时间，请耐心等待，如图 1-13 所示。

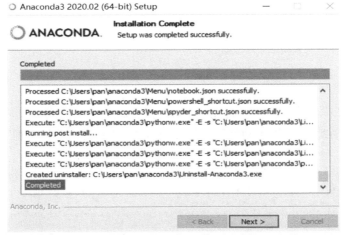

图 1-13　Anaconda 3 安装中

（6）安装成功，单击"Finish"按钮关闭界面，如图 1-14 所示。

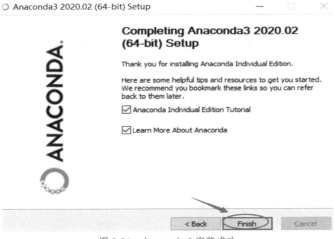

图 1-14　Anaconda 3 安装成功

### 3.Anaconda 3 Jupyter Notebook 的使用

（1）启动 Jupyter Notebook 软件，如图 1-15 所示。

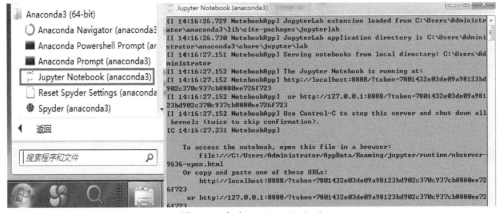

图 1-15　启动 Jupyter Notebook

（2）若启动成功会自动跳转到 Web 默认界面，如图 1-16 所示。

图 1-16　启动成功默认界面

如果没有自动跳转，可以手动复制控制台给出的 URL 到浏览器中即可打开软件，如图 1-17 所示。

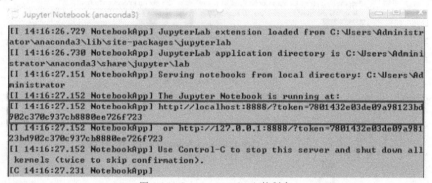

图 1-17　Jupyter Notebook 控制台

（3）Jupyter Notebook 中新建 Python 3 程序文件，在 Web 界面右上角，【New】→【Python 3】，如图 1-18 所示。

图 1-18　新建 Python 3 程序文件

（4）Jupyter Notebook 会默认新建 Untitled 文件，文件扩展名为.pynb。在该文件中可以重命名，编辑和测试 Python 程序，如图 1-19 所示。

图 1-19　Python 程序编辑和测试界面

（5）Jupyter Notebook 使用过程分为 2 种模式：编辑模式和命令模式。在使用过程中，为提高开发效率，需要掌握部分快捷键。Jupyter Notebook 常用快捷键如图 1-20 所示。

命令行模式(按 Esc 生效)　　　　　　　　　　　　　编辑快捷键

| F | 查找并且替换 | Shift-J | 扩展下面选择的代码块 |
| Ctrl-Shift-F | 打开命令配置 | Ctrl-A | select all cells |
| Ctrl-Shift-P | 打开命令配置 | A | 在上面插入代码块 |
| Enter | 进入编辑模式 | B | 在下面插入代码块 |
| P | 打开命令配置 | X | 剪切选择的代码块 |
| Shift-Enter | 运行代码块,选择下面的代码块 | C | 复制选择的代码块 |
| Ctrl-Enter | 运行选中的代码块 | Shift-V | 粘贴到上面 |
| Alt-Enter | 运行代码块并且插入下面 | V | 粘贴到下面 |
| Y | 把代码块变成代码 | Z | 撤销删除 |
| M | 把代码块变成标签 | D,D | 删除选中单元格 |
| R | 清除代码块格式 | Shift-M | 合并选中单元格,如果只有一个单 |
| 1 | 把代码块变成heading 1 | | 元格就被选中 |
| 2 | 把代码块变成heading 2 | Ctrl-S | 保存并检查 |
| 3 | 把代码块变成heading 3 | S | 保存并检查 |
| 4 | 把代码块变成heading 4 | L | 切换行号 |
| 5 | 把代码块变成heading 5 | O | 选择单元格的输出 |
| 6 | 把代码块变成heading 6 | Shift-O | 切换选定单元的输出滚动 |

图 1-20　Jupyter Notebook 常用快捷键

（6）Anaconda 3 Jupyter Notebook 修改默认用户目录。

Jupyter Notebook 新建的文件会保存在默认目录下面，如果想修改为自己指定的用户目录（如 E:\JupyterProject），需要进行如下操作。

①找到 anoconda 3 启动快捷方式，如图 1-21 所示。

Jupyter Notebook
(anaconda3)

图 1-21　Jupyter Notebook 快捷方式

②右击"属性"选项，进入属性对话框，如图 1-22 所示。

图 1-22　属性设置

③将第三行的目标（T）：C：\ Users \ Administrator \ anaconda3 \ Scripts \ jupyter-notebook-script.py "%USERPROFILE%/"后面引号部分替换成自己要保存的文件路径，比如 E:\JupyterProject，根据自己的项目路径更改即可。如图 1-23 所示。

图 1-23　修改默认文件保存路径

④重启 Anaconda 软件，就会发现自己设置的路径下已有文件出现。如果没有文件，默认为空文件夹，如图 1-24 所示。

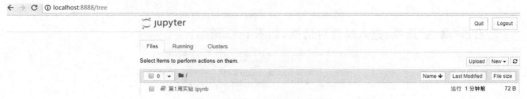

图 1-24　默认文件路径修改成功

## 1.2.3　集成开发环境 PyCharm 的安装与使用

PyCharm 是 Python 集成开发环境，其中包含智能提示、自动导入、智能代码编辑器等功能。

**1.PyCharm 的下载**

PyCharm 是 Python 的一个编辑器，用它进行代码编辑可提高工作效率。PyCharm 分为专业版和社区版，专业版可以获得更多的开发功能，社区版可满足日常开发需要，本实验使用专业版。如图 1-25 所示。

Python开发环境的搭建(3)

PyCharm                                                                    What's New

# Download PyCharm

Windows    Mac    Linux

Version: 2020.3.2
Build: 203.6682.179
30 December 2020

System requirements

Installation Instructions

**Professional**

For both Scientific and Web Python
development. With HTML, JS, and SQL
support.

Download

Free trial

**Community**

For pure Python development

Download

Free, open-source

图 1-25   PyCharm Windows 平台专业版下载示例

### 2.PyCharm 的安装

（1）找到已下载的 PyCharm 文件，并打开，如图 1-26 所示。

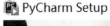
◯ Anaconda3-2020.02-Windows-x86_64

 pycharm-professional-2020.3.2

图 1-26   PyCharm 安装文件

（2）按照要求开始安装，具体配置参考如图 1-27 至图 1-30 所示。

 PyCharm Setup                                —    □    ✕

## Welcome to PyCharm Setup

Setup will guide you through the installation of PyCharm.

It is recommended that you close all other applications before
starting Setup. This will make it possible to update relevant
system files without having to reboot your computer.

Click Next to continue.

 Next >        Cancel

图 1-27   PyCharm 安装初始界面

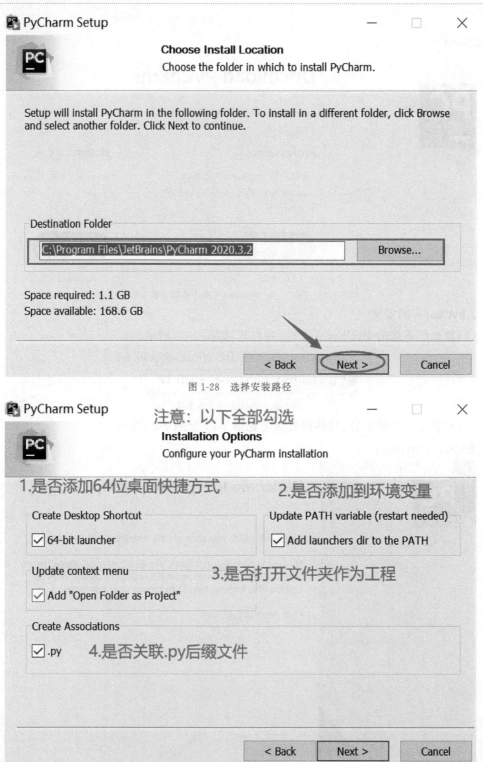

图 1-28　选择安装路径

图 1-29　安装配置选择

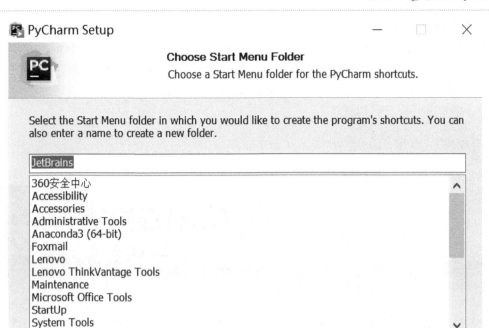

图 1-30　进行安装

(3)安装成功,如图 1-31 所示。

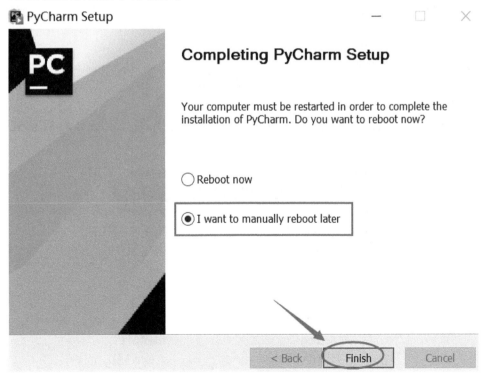

图 1-31　安装成功

**3.PyCharm 的使用**

如果想永久使用 PyCharm,就需要激活,否则,只能试用 30 天。PyCharm 专业版永久激活方式:可以通过官网购买激活码,也可以自行从网上下载插件激活。可通过菜单【Help】→【About】,查看 PyCharm 是否激活,如图 1-32 所示。

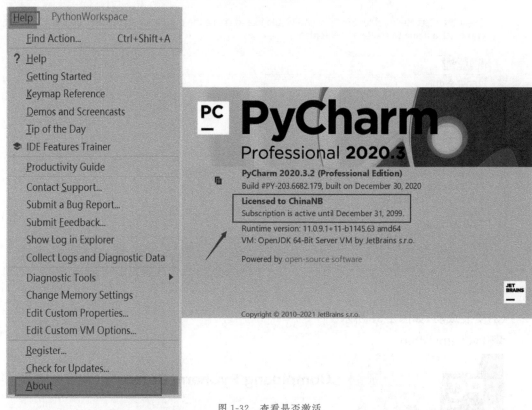

图 1-32　查看是否激活

(1)PyCharm 和 Anaconda 的配置与使用

①启动 PyCharm,在 Settings 下修改显示风格为 IntelliJ Light,然后创建工程 pythonDemo。如图 1-33 所示。

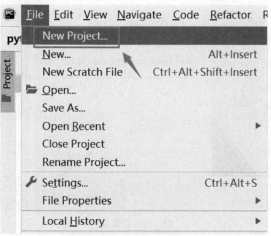

图 1-33　新建工程

②添加解释器，如图 1-34 所示。

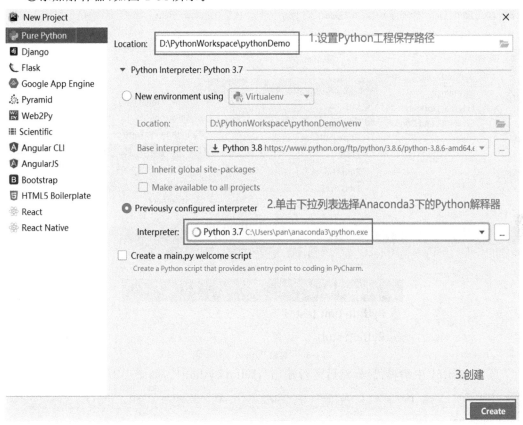

图 1-34　添加解释器

③运行工程下的默认 main.py 程序，查看运行结果，如图 1-35 所示。

图 1-35　运行默认程序，查看运行结果

④新建 Python 文件步骤,如图 1-36 所示。

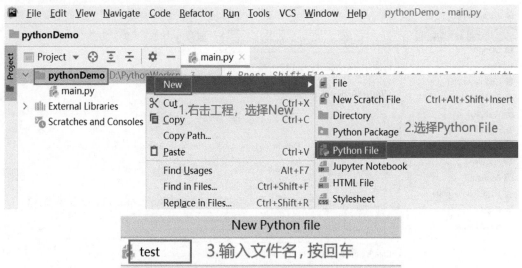

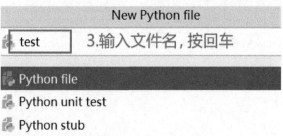

图 1-36　新建 Python 文件步骤

⑤在 test.py 中编辑代码,然后运行输出"Hello,Python!",如图 1-37 所示。

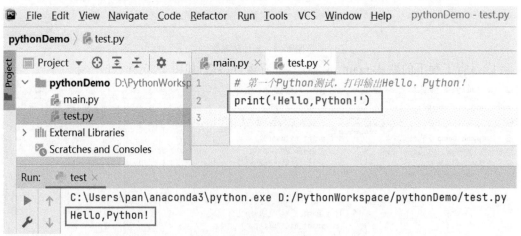

图 1-37　运行程序,查看结果

(2)总结一下,作为初学者,为了简便,建议安装以下两个软件:

①Anaconda 3。Anaconda 3 集成了 Python 环境、第三方类库和编辑器。可以使用 Anaconda 3自带的 Jupyter Notebook 编辑器编写和测试 Python 代码。此编辑器简洁、高效、易于使用,非常适合初学者。

②PyCharm。Python 集成开发环境 IDE,具有各种强大的功能,适合开发业务逻辑复杂的应用程序。

实际开发中,可以根据需要自行选择合适的编辑器。它们之间的关系如图 1-38 所示。

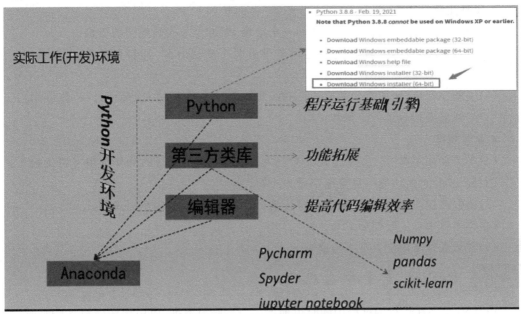

图 1-38 Python 开发环境关系

## 1.3 ┃ Python 程序开发

### 1.3.1 Python 编程约定

良好的编程习惯不仅有良好的可读性,还有助于程序的调试与维护。在 Python 中,编程约定包括:代码布局、空格的使用、代码注释、命名规范。

**1.代码布局**

(1)缩进:标准 Python 风格中每个缩进级别使用 4 个空格,不推荐使用"Tab"键。

(2)行的最大长度:每行的最大长度不超过 79 个字符,换行可以使用反斜杠,但建议使用圆括号。

(3)空白行:顶层函数和定义的类之间空两行,类中的方法定义之间空一行;函数内逻辑无关的代码段之间空一行,其他地方尽量不要空行。

**2.空格的使用**

(1)右括号前不要加空格。

(2)逗号、冒号、分号前不要加空格。

(3)函数的左括号前不要加空格,如 fun(1)。

(4)序列的左括号前不要加空格,如 list[2]。

(5)操作符左右各加一个空格,如 a + b = c。

(6)不要将多个语句写在同一行。

(7)if、for、while 语句中的执行语句必须另起一行。

**3.代码注释**

(1)块注释:每行开头使用一个♯和一个空格,缩进至与代码相同的级别。

(2)行内注释:行内注释与代码之间至少由两个空格分隔,注释以一个♯和一个空格开头。

(3)文档字符串:为所有公共模块、函数、类以及方法编写的文档说明。一般使用‴(三个单引号)或者圆括号进行注释和说明。

**4.命名规范**

(1)不要使用字母"l"(小写的L)、"O"(大写的O)、"I"(大写的I)作为单字符变量名。

(2)模块名、包名应简短且全部字母为小写。

(3)函数名应该小写,如果想提高可读性,可以用下划线分隔小写单词。

(4)类名首字母一般使用大写。

(5)常量通常采用全大写字母命名。

## 1.3.2 Python 变量命名规则

Python 程序在运行的过程中随时可能产生一些临时数据,应用程序会将这些临时数据保存在内存单元中,并使用不同的标识符来标识各个内存单元。这些具有不同标识、存储临时数据的内存单元称为变量,标识内存单元的符号为变量名(标识符),内存单元中存储的数据就是变量的值。

Python 程序定义变量的方式非常简单,只需要指定数据和变量名即可。

变量的定义格式为:变量名 = 数据。

变量名由字母、数字和下划线组成,且不以数字开头,应区分大小写,尽量做到通俗易懂、见名知意。

变量名若由两个以上单词组成,则单词与单词之间使用下划线连接。

## 1.3.3 Python 基本输入/输出

程序要实现人机交互功能,需能够向显示设备输出有关信息及提示,同时也要能够接收从键盘输入的数据。Python 语言提供了用于实现输入功能的函数 input()和输出功能的函数 print()。

**1.input()函数**

input()函数用于接收一个标准输入数据,该函数返回一个字符串类型数据。

input( * args, * * kwargs)

参数说明如下:

 * args:表示可变的 positional arguments 列表。

 * * kwargs:表示可变的 keyword arguments 列表。

其中, * args 必须位于 * * kwargs 之前,因为 positional arguments 必须位于 keyword arguments 之前。 * args 和 * * kwargs 语法不仅可以在函数定义中使用,同样可以在函数调用的时候使用。不同的是,如果在函数定义的位置使用, * args 和 * * kwargs 是一个将参数 pack 的过程,那么在函数调用的时候就是一个将参数 unpack 的过程了。

**2.print()函数**

print()函数用于向控制台中输出数据。

print( * objects，sep＝' '，end＝'\n'，file＝sys.stdout)

参数如下：

objects：表示输出的对象。

sep：用于间隔多个对象。

end：用于设定以什么结尾,默认为\n。

file：表示数据输出的文件对象。

## 1.4    实践任务

### 1.4.1    实验案例 1：请编程实现打印学生个人信息

学生个人信息包括姓名及其所属学校、系别、专业、班级和手机的信息,也是老师和学生之间相互了解的快速有效的方法。本实例要求编写程序,模拟输出效果如图 1-39 所示。

**张三（NO.202140126868）**
- - - - - - - - - - - - - - - - - - - - - - - -
学校：XXX大学/学院
系别：XXX系
专业：数据科学与大数据技术
班级：2021级大数据1班
手机：13800001380

图 1-39　模拟输出效果

**1.实验案例目标**

掌握 print()函数的用法。

**2.实验案例分析**

个人信息中的数据均为字符串类型,因此可以使用 print()函数直接打印个人信息中的内容。

**3.编码实现**

```
print('张三(NO.202140126868)')
print('----------------------------')
print('学校:XXX 大学/学院')
print('系别:XXX 系')
print('专业:数据科学与大数据技术')
print('班级:2021 级大数据 1 班')
print('手机:13800001380')
```

根据图 1-39 中学生个人信息内容,直接使用 print()函数进行打印。

**4.运行测试**

运行代码,控制台输出结果如下：

张三(NO.202140126868)

------------------------

学校:XXX 大学/学院
系别:XXX 系
专业:数据科学与大数据技术
班级:2021 级大数据 1 班
手机:13800001380

## 1.4.2　实验案例 2:请编程模拟超市购物支付场景

**1.实验案例目标**

掌握 input()函数的用法。

**2.实验案例分析**

input()函数的输出为字符串类型,请使用该函数编程模拟超市购物支付场景,注意数据类型的转换。

**3.编码实现**

```
price = float(input('请输入物品单价:'))
number = float(input('请输入物品数量:'))
money = price * number
print('支付总价为:%.2f 元.' % money)
```

根据上述支付场景,直接使用 input()函数和用户进行交互,最后输出支付结果。程序中的 float()函数和 print()函数中的字符串输出格式会在第 2 章中详细讲解,在此不做过多赘述。

**4.运行测试**

运行代码,控制台输出结果如下:

请输入物品单价:8.6
请输入物品数量:5
支付总价为:43.00 元。

## 1.5　本章小结

本章主要介绍了一些 Python 语言的入门知识,包括 Python 语言的特点、版本、应用领域、Python 开发环境的搭建、编程规范、Python 语言基本输入/输出功能等。

通过本章的学习,希望大家能够独立搭建 Python 开发环境,并对 Python 开发有一个初步认识,为后续学习做好铺垫。

## 1.6　习 题

一、填空题

1.Python 语言之所以能够迅速发展,受到程序员的青睐,与它具有的特点密不可分,

Python 语言的特点可以归纳为简单易学、＿＿＿＿＿、＿＿＿＿＿、＿＿＿＿＿、丰富的库。

2.Python 语言作为一门功能强大的且简单易学的编程语言，在实际开发中得到了广泛的使用，其主要应用领域包括：Web 开发、＿＿＿＿＿、＿＿＿＿＿、＿＿＿＿＿、游戏开发、人工智能等。

3.Python 语言中定义变量的方式非常简单，只需要指定＿＿＿＿＿和＿＿＿＿＿即可。

4.程序要实现人机交互功能，需能够向显示设备输出有关信息及提示，同时也要能够接收从键盘输入的数据。Python 提供了用于实现输入/输出功能的函数＿＿＿＿＿和＿＿＿＿＿。

二、选择题

1.下列选项中，不属于 Python 语言特点的是（　　）。

A.简单易学　　　　　B.免费开源　　　　　C.面向对象　　　　　D.编译型语言

2.下列选项中不是 Python 应用领域的是（　　）。

A.Web 开发　　　　　B.科学计算　　　　　C.人工智能　　　　　D.操作系统管理

3.下列关于 input()和函数 print()函数的说法中，描述错误的是（　　）。

A.input()函数可以接收使用者输入的数据

B.input()函数会返回一个字符串类型数据

C.print()函数输出的数据不支持换行操作

D.print()函数可以输出任何类型的数据

三、简答题

1.简述 Python 的特点。

2.简述 Python 的编程约定。

# 第 2 章

# Python 基础语法

学习目标

1.掌握 Python 的基本语法规则
2.掌握 Python 的标识符和关键字
3.掌握 Python 的变量和数据类型
4.掌握 Python 的简单数值类型、运算符和字符串

思政元素

Python 作为一门简单易学的编程语言,有自己独特的基础语法。对 Python 语言及环境有了初步认识之后,本章将针对 Python 基础的语法进行详细讲解,让读者快速入门。

## 2.1 基本语法规则

### 2.1.1 代码规范:行与缩进

Python 语言代码的缩进可以通过 Tab 键控制,也可使用空格控制。空格是 Python 3 首选的缩进方法,一般使用 4 个空格表示一级缩进。Python 3 不允许混合使用 Tab 和空格。

正确示例代码如下:

```
if True:
    print ("True")    # 缩进 4 个空格
```

```
else：
    print（"False"）    ♯ 缩进 4 个空格
    print（"False"）    ♯ 缩进 4 个空格
```

输出结果如下：

```
True
```

错误代码示例如下：

```
if True：
    print（"True"）    ♯ 缩进 4 个空格
else：
    print（"False"）    ♯ 缩进 4 个空格
  print（"hello"）    ♯ 缩进 2 个空格
```

最后一行语句由于缩进空格不一致，运行后会导致错误如下：

```
File "<tokenize>", line 5
    print（"hello"）
    ^
IndentationError：unindent does not match any outer indentation level
```

## 2.1.2　语句换行

Python 官方建议每行代码不超过 79 个字符，若代码过长应该采用换行。Python 会将圆括号、中括号和大括号中的行进行隐式连接，可以根据这个特点实现过长语句的换行显示。示例代码如下：

```
string = （"Python 是一种面向对象、解释型计算机程序设计语言，"
           "由 Guido van Rossum 于 1989 年年底发明。"
           "第一个公开发行版发行于 1991 年，"
           "Python 源代码同样遵循 GPL（GNU General Public License）协议。"）
```

执行结果如下：

Python 是一种面向对象、解释型计算机程序设计语言，由 Guido van Rossum 于 1989 年年底发明。第一个公开发行版发行于 1991 年，Python 源代码同样遵循 GPL（GNU General Public License）协议。

## 2.1.3　注释

Python 中的单行注释以"♯"开头，用于说明当前行或之后代码的功能。单行注释既可以单独占一行，也可以位于标识的代码之后，与标识的代码共占一行。

示例代码如下：

```
♯第一个注释
print（'Hello,Python!'）    ♯第二个注释
```

执行结果如下：

```
Hello,Python!
```

Python 还可以进行多行注释。多行注释是由三对单引号或双引号引起来的语句，主要用于说明函数或类的功能。

示例代码如下：

```
'''
这是通过三对单引号或者双引号进行多行注释示例。
print('Hello,多行注释!')
'''
print('Hello,多行注释测试!')
```

执行结果如下:

Hello,多行注释测试!

## 2.2　标识符与关键字

### 2.2.1　标识符

现实生活中,人们常用一些名称来标记事物。例如,每本教材都有一个名称或 ISBN 号来标识。若希望在程序中表示一些事物,开发人员需要自定义一些符号和名称,这些符号和名称叫作标识符。Python 语言中的标识符需要遵守一定的规则。命名规则如下:

(1)标识符由字母、下划线和数字组成,且不能以数字开头。

(2)Python 语言中的标识符是区分大小写的。例如,tom 和 Tom 是不同的标识符。

(3)Python 语言中的标识符不能使用关键字。

为了规范命名标识符,关于标识符的命名建议遵循以下规则:

(1)见名知意。

(2)常量名使用大写的单个单词或由下划线连接的多个单词。

(3)模块名、函数名使用小写的单个单词或由下划线连接的多个单词。

(4)类名使用大写字母开头的单个或多个单词。

示例代码如下:

```
#常量名
python_test
TEST
#模块名、函数名
student
student_add()
#类名
Student
Teacher
StudentCourse
```

### 2.2.2　关键字

关键字是 Python 已经使用的、不允许开发人员重复定义的标识符。Python 3 中共有 35 个关键字,每个关键字都有不同的作用。Python 3 关键字见表 2-1。

表 2-1　　　　　　　　　　　　　　　　　Python 3 关键字

| 序号 | 关键字 | 序号 | 关键字 | 序号 | 关键字 |
|---|---|---|---|---|---|
| 1 | pass | 13 | def | 25 | is |
| 2 | import | 14 | class | 26 | as |
| 3 | from | 15 | try | 27 | del |
| 4 | True | 16 | except | 28 | global |
| 5 | False | 17 | finally | 29 | async |
| 6 | if | 18 | return | 30 | lambda |
| 7 | else | 19 | in | 31 | assert |
| 8 | elif | 20 | or | 32 | yield |
| 9 | for | 21 | and | 33 | nonlocal |
| 10 | while | 22 | not | 34 | raise |
| 11 | break | 23 | with | 35 | await |
| 12 | continue | 24 | None | | |

在 Jupyter Notebook 单元格中执行"help(关键字)"可查看关键字的声明。例如,查看"pass"关键字的说明示例如图 2-1 所示。

```
In [1]: help('pass')

The "pass" statement
********************

    pass_stmt ::= "pass"

"pass" is a null operation — when it is executed, nothing happens. It
is useful as a placeholder when a statement is required syntactically,
but no code needs to be executed, for example:

    def f(arg): pass    # a function that does nothing (yet)

    class C: pass       # a class with no methods (yet)
```

图 2-1　查看"pass"关键字的说明示例

## 2.3　变量与数据类型

Python开发
编程规范及
数据类型

### 2.3.1　变量和赋值

变量是用来存储数据的,程序在运行期间用到的数据会被保存在计算机的内存单元中,为了方便存取内存单元中的数据,Python 使用标识符来标识不同的内存单元,这样标识符就与数据建立了联系。

标识内存单元的标识符又称为变量名,Python 通过赋值运算符"＝"将内存单元中存储的数值与变量名建立联系，即定义变量，具体语法格式如下：

变量 ＝ 值

比如，定义一个变量 a，把 10 赋值给 a，示例代码如下：

```
a = 10
print(a)
```

执行结果如下：

```
10
```

### 2.3.2 变量的类型

根据数据存储形式的不同，变量的数据类型分为基本数据类型和组合数据类型，其中基本数据类型又分为整型、浮点型、布尔型和复数；组合数据类型分为字符串、列表、元组、字典等，如图 2-2 所示。

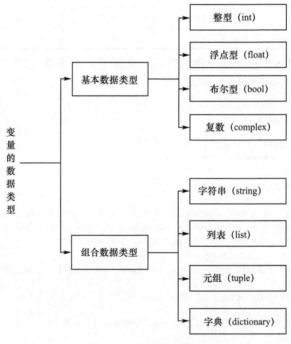

图 2-2　变量的数据类型

## 2.4　基本数据类型

Python 内置的数字类型有整型（int）、浮点型（float）、布尔型（bool）和复数（complex），其中 int、float 和 complex 分别对应数学中的整数、小数和复数；bool 类型比较特殊，它是 int 的子类，只有 True 和 False 两种取值。

## 2.4.1 整型

Python 中使用 4 种进制表示整型,分别为二进制、八进制、十进制和十六进制。示例代码如下:

```
b = 10            # 十进制
b1 = 0b1010       # 二进制
b2 = 0o12         # 八进制
b3 = 0xA          # 十六进制
print(b,b1,b2,b3)
```

执行结果如下:

```
10 10 10 10
```

## 2.4.2 浮点型

浮点型一般以十进制形式表示,对于较大或较小的浮点数,可以使用科学计数法表示。示例代码如下:

```
num1 = 3.14   # 十进制形式表示
num2 = 3e5    # 科学计数法表示
num3 = 3e-5   # 科学计数法表示
print(num1,num2,num3)
```

执行结果如下:

```
3.14 300000.0  3e-05
```

## 2.4.3 布尔型

Python 中的布尔型(bool)只有两个取值:True 和 False。如果将布尔值进行数值运算,True 会被当作整型 1,False 会被当作整型 0。

Python 中的任何对象都可以转换为布尔型,若要进行转换,则符合以下条件的数据都会被转换为 False:

(1)None;

(2)任何为 0 的数字类型,如 0、0.0、0j;

(3)任何空序列,如''''、()、[];

(4)任何空字典,如{};

(5)用户定义的类实例,如类中定义了_bool_()或者_len_()。

除以上对象外,其他的对象都会被转换为 True。可以使用 bool()函数检测对象的布尔值。示例代码如下:

```
b_1 = bool(None)
b_2 = bool(0)
b_3 = bool('')
b_4 = bool({})
b_5 = bool([])
b_6 = bool(1)
print(b_1,b_2,b_3,b_4,b_5,b_6)
```

执行结果如下：

False False False False False True

## 2.4.4 复数

复数有以下 3 个特点：

(1)复数由实部和虚部构成，其一般形式为 real＋imagj。

(2)实部 real 和虚部的 imag 都是浮点型。

(3)虚部必须有后缀 j 或 J。

Python 中有两种创建复数的方式，一种是按照复数的一般形式直接创建，另一种是通过内置函数 complex()创建。

示例代码如下：

```
complex1 = 8 + 6j        # 直接创建
complex2 = complex(8,6)  # 通过内置函数创建
print(complex1,complex2)
```

执行结果如下：

(8＋6j) (8＋6j)

## 2.4.5 数字类型转换

Python 内置了一系列可实现强制类型转换的函数，保证用户在有需求的情况下，将目标数据转换为指定的类型。常用转换函数见表 2-2。

表 2-2 常用转换函数

| 函数名称 | 函数作用 |
| --- | --- |
| int() | 将浮点型、布尔型和符合数值规范的字符串转换为整型 |
| float() | 将整型和符合数值规范的字符串转换为浮点型 |
| str() | 将数值类型转换为字符串 |

说明：

(1)int()函数、float()函数只能转换符合数字类型格式规范的字符串。

(2)当使用 int()函数将浮点型转换为整型时，若有必要会发生截断(取整)而非四舍五入。

示例代码如下：

```
i1 = 86
f1 = 3.1415
s1 = '123'
b1 = True
print('整型转换 f1:',int(f1),'s1:',int(s1),'b1:',int(b1))
print('浮点型转换 i1:',float(i1),'s1:',float(s1),'b1:',float(b1))
print('字符串转换 i1:',str(i1),'f1:',str(f1))
```

执行结果如下：

整型转换 f1:3 s1:123 b1:1

浮点型转换 i1:86.0 s1:123.0 b1:1.0

字符串转换 i1:86 f1:3.1415

## 2.5 运算符

Python 运算符是一种特殊的符号，主要用于实现数值之间的运算。根据操作数的数量，运算符可分为单目运算符、双目运算符；根据运算符的功能，运算符可分为算术运算符、赋值运算符、比较运算符、逻辑运算符和成员运算符。

### 2.5.1 算术运算符

算术运算符包括＋、－、＊、/、//、％和＊＊，这些运算符都是双目运算符，每个运算符可以与两个操作数组成一个表达式。以操作数 $a = 10, b = 5$ 为例，对算术运算符进行使用说明，见表 2-3。

表 2-3　　　　　　　　　　　　算术运算符

| 运算符 | 说明 | 示例 |
| --- | --- | --- |
| ＋(加) | 使两个操作数相加，获取操作数的和 | $a + b = 15$ |
| －(减) | 使两个操作数相减，获取操作数的差 | $a - b = 5$ |
| ＊(乘) | 使两个操作数相乘，获取操作数的积 | $a * b = 50$ |
| /(除) | 使两个操作数相除，获取操作数的商 | $a / b = 2.0$ |
| //(整除) | 使两个操作数相除，获取商的整数部分 | $a // b = 2$ |
| ％(取余) | 使两个操作数相除，获取余数 | $a ％ b = 0$ |
| ＊＊(幂) | 使两个操作数进行幂运算，获取 a 的 b 次幂 | $a ** b = 100\,000$ |

算术运算符程序示例代码如下：

```
#算术运算符程序示例
a = 10
b = 5
c = 0
#1.加法运算
c = a + b
print('1-c 的值为：',c)
#2.减法运算
c = a - b
print('2-c 的值为：',c)
#3.乘法运算
c = a * b
print('3-c 的值为：',c)
#4.除法运算
c = a / b
print('4-c 的值为：',c)
#5.取余运算
c = a ％ b
```

```
print('5-c 的值为：',c)
#6.取整除运算
c = a // b
print('6-c 的值为：',c)
#7.幂运算
c = a ** b
print('7-c 的值为：',c)
```

执行结果如下：

```
1-c 的值为：15
2-c 的值为：5
3-c 的值为：50
4-c 的值为：2.0
5-c 的值为：0
6-c 的值为：2
7-c 的值为：100000
```

Python 中的算术运算符支持对相同或不同类型的对象进行混合运算。

Python 在对不同类型的对象进行运算时，会强制将对象的类型进行临时类型转换，这些转换遵循如下规律：

(1)布尔型进行算术运算，将被视为数值 0 或 1；

(2)整型与浮点型进行算术运算，将整型转换为浮点型；

(3)其他类型与复数进行算术运算，将其他类型转换为复数类型。

混合运算程序示例代码如下：

```
#混合运算程序示例
#1.整型 * 浮点型
print('1：',2 * 3.5)
#2.布尔型 + 复数
print('2：',True+(1+2j))
#3.整型 + 复数
print('3：',2 + (3+2j))
```

执行结果如下：

```
1：7.0
2：(2+2j)
3：(5+2j)
```

## 2.5.2 赋值运算符

赋值运算符的作用是将一个表达式或对象赋值给一个左值。左值是指一个能位于赋值运算符左边的表达式，它通常是一个可修改的变量，且不能是一个常量。

例如，将整数 3 赋值给变量 num：num=3。赋值运算符允许同时为多个变量赋值。"="是基本的赋值运算符，此外"="可与算术运算符组合成复合赋值运算符。

```
x = y = z = 2　#变量 x、y、z 均赋值为 2
a，b = 1，3　#变量 a 赋值为 1，变量 b 赋值为 3
```

Python 中的算术运算符可以与赋值运算符组成复合赋值运算符,它同时具备运算和赋值两项功能。以变量 a＝5,b＝3 为例,Python 复合赋值运算符的功能说明及示例见表 2-4。

表 2-4　　　　　　　　　　　复合赋值运算符的功能说明及示例

| 运算符 | 说明 | 示例 |
|---|---|---|
| ＝(等) | 将右侧值赋值给左侧值 | a ＝ b ,a ＝ 3 |
| ＋＝(加等) | 将右侧值与左侧值相加,将和赋值给左侧值 | a ＋＝ b ,a ＝ 8 |
| －＝(减等) | 将右侧值与左侧值相减,将差赋值给左侧值 | a －＝ b ,a ＝ 2 |
| ＊＝(乘等) | 将右侧值与左侧值相乘,将积赋值给左侧值 | a ＊＝ b ,a ＝ 15 |
| /＝(除等) | 将右侧值与左侧值相除,将商赋值给左侧值 | a /＝ b ,a ＝ 1.67 |
| //＝(整除等) | 将右侧值与左侧值相除,将商的整数部分赋值给左侧值 | a //＝ b ,a ＝ 1 |
| ％＝(取余等) | 将右侧值与左侧值相除,将余数赋值给左侧值 | a ％＝ b ,a ＝ 2 |
| ＊＊＝(幂等) | 获取左侧值的右侧值次方,将结果赋值给左侧值 | a ＊＊＝ b ,a ＝125 |

## 2.5.3　比较运算符

比较运算符也叫关系运算符,用于比较两个数值,判断它们之间的关系。Python 中的比较运算符包括＝＝、!＝、＞、＜、＞＝、＜＝,它们通常用于布尔测试,测试的结果只能是 True 或 False。以变量 x＝2,y＝4 为例,见表 2-5。

表 2-5　　　　　　　　　　　　　　比较运算符

| 运算符 | 说明 | 示例 |
|---|---|---|
| ＝＝ | 检查两个操作数的值是否相等 | a ＝＝ b 不成立,结果为 False |
| !＝ | 检查两个操作数的值是否不等 | a !＝ b 成立,结果为 True |
| ＞ | 检查左操作数的值是否大于右操作数的值 | a ＞ b 不成立,结果为 False |
| ＜ | 检查左操作数的值是都小于右操作数的值 | a ＜ b 成立,结果为 True |
| ＞＝ | 检查左操作数的值是否大于或等于右操作数的值 | a ＞＝ b 不成立,结果为 False |
| ＜＝ | 检查左操作数的值是否小于或等于右操作数的值 | a ＜＝ b 成立,结果为 True |

比较运算符程序示例代码如下:

```
a = 2
b = 4
print('a==b:',a==b,',a!=b:',a!=b,',a>b:',a>b,',a<b:',a<b,',a>=b:',a>=b,',a<=b:',a<=b)
```

执行结果如下:

```
a==b:False ,a!=b:True ,a>b:False ,a<b:True ,a>=b:False ,a<=b:True
```

## 2.5.4　逻辑运算符

Python 中使用"or""and""not"这三个关键字作为逻辑运算符,其中 or 与 and 为双目运算符,not 为单目运算符。以 x＝6,y＝8 为例,具体见表 2-6。

**表 2-6** 逻辑运算符

| 运算 | 逻辑表达式 | 功能描述 | 示例 |
|------|-----------|----------|------|
| and | x and y | 布尔"与",如果 x 为 False,x and y 返回 x 的值,否则它返回 y 的计算值 | 6 and 8 返回 8 |
| or | x or y | 布尔"或",如果 x 是 True,它返回 x 的值,否则它返回 y 的计算值 | 6 or 8 返回 6 |
| not | not x | 布尔"非",如果 x 为 True,返回 False,如果 x 为 False,则返回 True | not 6 返回 False |

逻辑运算符程序示例代码如下:

```
# 逻辑运算符程序示例
a = 6
b = 8
print("and 示例结果:", a and b)
print("or 示例结果:", a or b)
print("not 示例结果:", not a)
```

执行结果如下:

```
and 示例结果:8
or 示例结果:6
not 示例结果:False
```

## 2.5.5 成员运算符

成员运算符 in 和 not in 用于测试给定数据是否存在于序列(如列表、字符串)中,具体说明见表 2-7。

**表 2-7** 成员运算符

| 运算符 | 功能 | 示例 |
|--------|------|------|
| in | 如果在指定的序列中找到值,则返回 True,否则返回 False | x 在 y 序列中,如果 x 在 y 序列中返回 True |
| not in | 如果在指定的序列中没有找到值,则返回 True,否则返回 False | x 不在 y 序列中,如果 x 不在 y 序列中返回 True |

成员运算符程序示例代码如下:

```
# 成员运算符程序示例
y = [1,2,3,4,5]
x1 = 3
x2 = 6
print("in 示例结果:", x1 in y)
print("not in 示例结果:", x2 not in y)
```

执行结果如下:

```
in 示例结果:True
not in 示例结果:True
```

## 2.5.6 运算符的优先级

Python 支持使用多个不同的运算符连接简单表达式,实现相对复杂的功能,为了避免含有多个运算符的表达式出现歧义,Python 为每种运算符都设定了优先级。Python 中运算符的优先级(从高到低)见表 2-8。

表 2-8                           **Python 中运算符的优先级(从高到低)**

| 运算符 | 描述 |
|---|---|
| ( ) | 加圆括号的表达式 |
| ＊＊ | 幂 |
| ＊、/、％、// | 乘、除、取模、整除 |
| ＋、－ | 加、减 |
| >>、<< | 按位右移、按位左移 |
| &、^、\| | 位运算符(按位与、按位异或、按位或) |
| ==、! =、>=、> <=、< | 比较运算符 |
| in、not in | 成员运算符 |
| not、and、or | 逻辑运算符 |
| ＝ | 赋值运算符 |

## 2.6         字符串

## 2.6.1 字符串的定义

字符串是用来表示文本的数据类型,它是由符号或者数值组成的一个连续序列,由于 Python 中的字符串是不可变的,因此字符串创建后不能修改。

Python 使用单引号、双引号和三引号定义字符串,其中单引号和双引号通常用于定义单行字符串,三引号通常用于定义多行字符串。

**1.定义单行字符串**

可以使用单引号或者双引号定义字符串,示例程序代码如下:

```
#1.定义单行字符串
single_str = 'Hello Python'    # 使用单引号定义字符串
double_str = "Hello Python"    # 使用双引号定义字符串
print(single_str)
print(double_str)
```

执行结果如下:

```
Hello Python
Hello Python
```

**2.定义多行字符串**

当使用三引号(三个单引号或者三个双引号)定义多行字符串时,字符串可以包含换行符、制表符或者其他特殊字符。示例程序代码如下:

```
#2.定义多行字符串:使用三引号定义字符串
three_str1 = '''
I love Python，
Python is best!
'''

three_str2 = """
I love Python，
Python is best!
"""

print(three_str1)
print(three_str2)
```

执行结果如下:

```
I love Python，
Python is best!
I love Python，
Python is best!
```

**3.字符串定义注意事项**

定义字符串时单引号与双引号可以嵌套使用,但需要注意的是:使用双引号表示的字符串中允许嵌套单引号,但不允许嵌套双引号,同样,使用单引号表示的字符串中不允许包含单引号。

字符串定义与
操作

如果单引号或者双引号中的内容包含换行符,那么字符串会被自动换行。

在一段字符串中如果包含多个转义字符,但又不希望转义字符产生作用,此时可以使用原始字符串。原始字符串即在字符串开始的引号之前添加 r 或 R,使它成为原始字符串。

示例程序代码如下:

```
#3.字符串定义注意事项
mix = "I'll never give up"          #单引号和双引号混合使用
double_str = " Hello \nPython"      #\n 换行符进行换行
print(mix)
print(double_str)
#添加 r 或 R 变成原始字符串
print(r'转义字符中:\n 表示换行;\r 表示回车;\b 表示退格')
```

执行结果如下:

```
I'll never give up
Hello
Python
转义字符中:\n 表示换行;\r 表示回车;\b 表示退格
```

## 2.6.2 字符串的格式化输出

Python 字符串可通过占位符、format()方法和 f-strings 三种方式实现格式化输出。三种方式介绍如下：

**1.占位符**

Python 将一个带有格式符的字符串作为模板，使用该格式符为真实值预留位置，并说明真实值应该呈现的格式。示例程序代码如下：

```
＃字符串格式化输出
＃1.占位符％
myname = '张三'
print('你好,我叫％s 。' ％ myname)
＃一个字符串中同时可以含有多个占位符
age = 18
print('你好,我叫％s,今年我％d 岁了。' ％(myname,age))
```

执行结果如下：

```
你好,我叫张三 。
你好,我叫张三,今年我 18 岁了。
```

上述代码中定义了 myname 和 age，然后使用两个占位符进行格式化输出，因为需要对两个变量进行格式化输出，所以可以使用"()"将这两个变量存储起来。

不同的占位符为不同类型的变量预留位置，常见的占位符见表 2-9。

表 2-9　　　　　　　　　　　　常见的占位符

| 符号 | 说明 | 符号 | 说明 |
|------|------|------|------|
| ％s | 字符串 | ％d | 十进制整数 |
| ％f | 浮点数 | ％o | 八进制整数 |
| ％e | 指数(底为 e) | ％x,％X | 十六进制整数(a～f 为小写/大写) |

**注意**：使用占位符时需要注意变量的类型，若变量类型与占位符不匹配，则程序会产生异常。

**2.format()方法**

format()方法可以将字符串进行格式化输出，使用该方法无须再关注变量的类型。format()方法的基本使用格式如下：

```
＜字符串＞.format(＜参数列表＞)
```

在 format()方法中使用"{ }"为变量预留位置。

若字符串中包含多个没有指定序号(默认从 0 开始)的"{}"，则按 "{}"出现的顺序分别用 format()方法中的参数进行替换，否则按照序号对应的 format()方法的参数进行替换。

示例程序代码如下：

```
＃2.format()方法
myname = '张三'
age = 18
print('你好,我的名字是{},今年我{}岁了。'.format(myname,age)) ＃默认顺序
print('你好,我的名字是{1},今年我{0}岁了。'.format(age,myname)) ＃指定参数顺序
```

执行结果如下：

你好，我的名字是张三，今年我 18 岁了。

你好，我的名字是张三，今年我 18 岁了。

format()方法可以对数字进行格式化，包括保留 n 位小数、数字补齐和显示百分比。具体介绍如下：

（1）保留 n 位小数

使用 format()方法可以保留浮点数的 n 位小数，其格式为"{:.nf}"，其中 n 表示保留的小数位数。例如：变量 Pi 的值为 3.1415926，使用 format()方法保留 2 位小数，示例如下：

```
Pi= 3.1415926
print('{:.2f}'.format(Pi))
执行结果：3.14
```

上述示例代码中，使用 format()方法保留变量 Pi 的 2 位小数，其中"{:.2f}"可以分为"{:}"和".2f"，{:}表示获取变量 Pi 的值，".2f"表示保留 2 位小数。

（2）数字补齐

使用 format()方法可以对数字进行补齐，其格式为"{:m>nd}"，其中 m 表示补齐的数字，n 表示补齐后数字的长度。例如：某个产品编号从 00001 开始，此种编号可以在 1 之前使用 4 个"0"进行补齐，示例如下：

```
num = 1
print('{:0>5d}'.format(num))
执行结果：00001
```

上述示例代码中，使用 format()方法对变量 num 的值进行补"0"操作，其中"{:0>5d}"的"0"表示要补的数字，">"表示在原数字左侧进行补充，"5"表示补充后数字的长度。

（3）显示百分比

使用 format()方法可以将数字以百分比的形式显示，其格式为"{:.n%}"，其中 n 表示保留的小数位。例如：变量 num 的值为 0.1，将 num 值保留 0 位小数并以百分比格式显示，示例如下：

```
num = 0.1
print('{:.0%}'.format(num))
执行结果：10%
```

上述代码中，使用 format()方法将变量 num 的值以百分比形式显示，其中"{:.0%}"中的"0"表示保留的小数位。

示例程序代码如下：

```
#(1)保留 n 位小数
Pi= 3.1415926
print('{:.2f}'.format(Pi))
#(2)数字补齐
num = 1
print('{:0>5d}'.format(num))
#(3)显示百分比
num = 0.1
print('{:.0%}'.format(num))
```

执行结果如下：

```
3.14
00001
10%
```

### 3.f-strings

f-strings 是从 Python 3.6 版本开始加入 Python 标准库的内容，f-strings 提供了一种更为简洁的格式化字符串的方式。

f-strings 在格式上以 f 或 F 引领字符串，字符串中使用{}标明被格式化的变量。在字符串中使用"{变量名}"标明被替换的真实数据和其所在位置。

f-strings 本质上不再是字符串常量，而是在运行时运算求值的表达式，所以在效率上优于占位符和 format()方法。

格式如下：

```
f('{变量名}') 或 F('{变量名}')
```

使用 f-strings 不需要关注变量的类型，但是仍需要关注变量传入的位置。使用 f-strings 还可以将多个变量进行格式化输出。

示例程序代码如下：

```
#f-strings 示例
name = '小明'
age = 19
gender = '男'
print(f'我的名字是{name},今年{age}岁了,我的性别是{gender}。')
```

执行结果如下：

```
我的名字是小明,今年 19 岁了,我的性别是男。
```

## 2.6.3　字符串的常见操作

字符串在实际开发中会经常用到,掌握字符串的常用操作有助于提高代码编写效率。下面介绍几种常见的字符串操作。

### 1.字符串拼接

字符串拼接可以直接使用"+"符号实现。

示例代码如下：

```
#字符串常见操作
#1.字符串拼接
str_one = 'Hello'
str_two = 'Python'
print(f'{str_one} +{str_two}')
```

执行结果如下：

```
Hello Python
```

### 2.字符串替换

字符串的 replace()方法可使新的子串替换目标字符串中原有的子串,该方法的语法格式如下：

str.replace(old, new, count=None)

old 表示原有子串。

new 表示新的子串。

count 用于设定替换次数。

使用 replace()方法实现字符串替换。

示例代码如下：

♯2.字符串替换

str_word = '我喜欢 Python,我正在努力学习这门语言!'

print(str_word.replace('我','他'))  ♯默认全部替换

print(str_word.replace('我','他',1)) ♯指定替换 1 次

print(str_word.replace('他','我'))  ♯未找到匹配子串,直接返回原字符串。

执行结果如下：

他喜欢 Python,他正在努力学习这门语言!

他喜欢 Python,我正在努力学习这门语言!

我喜欢 Python,我正在努力学习这门语言!

**3.字符串分割**

字符串的 split()方法可以使用分隔符把字符串分割成序列,该方法的语法格式如下：

str.split(sep = None , maxsplit=-1)  ♯sep(分隔符),maxsplit(分割次数)

上述语法中,sep(分隔符)默认为空字符串,包括空格、换行(\n)、制表符(\t)等。如果 maxsplit(分割次数)有指定值,则 split()方法将字符串 str 分割为 maxsplit 次,并返回一个分割以后的字符串列表。

使用 split()方法实现字符串分割,示例程序如图 2-3 所示。

```
In  [33]:   # 3. 字符串分割
            str_word = '1 2 3 4 5 6'
            str_word.split()

Out[33]:    ['1', '2', '3', '4', '5', '6']


In  [34]:   str_word = 'a,b,c,d,e'
            str_word.split(',')

Out[34]:    ['a', 'b', 'c', 'd', 'e']


In  [35]:   str_word = 'a,b,c,d,e'
            str_word.split(',',3)

Out[35]:    ['a', 'b', 'c', 'd,e']
```

图 2-3  字符串分割示例程序

**4.去除字符串两侧空格**

字符串对象的 strip()方法一般用于去除字符串两侧的空格,该方法的语法格式如下：

str.strip(chars=None) ♯chars 为要去除的字符,默认为空格,也可以自己指定

示例程序如图 2-4 所示。

```
In  [36]:  # 4. 去除字符串两侧空格
           str_word1 = '  人生苦短，我用Python!       '    # 默认去除空格
           print(str_word1.strip())
           str_wrod2 = '@@人生苦短，我用Python! @@'       # 指定去除@符号
           print(str_wrod2.strip('@@'))
Out [36]:  人生苦短，我用Python!
           人生苦短，我用Python!
```

图 2-4　去除字符串两侧空格示例程序

## 2.6.4　字符串的索引与切片

在实际的程序开发过程中,需要对一组字符串中的某些字符进行特定的操作,Python中通过字符串的索引与切片功能可以提取字符串中的特定字符或子串,下面分别介绍字符串的索引与切片。

**1.索引**

字符串是由元素组成的一个序列,每个元素所处的位置是固定的,并且对应着一个位置编号,编号从 0 开始,依次递增 1,这个位置编号被称为索引或者下标。下面通过一张示意图来描述字符串的索引,如图 2-5 所示。

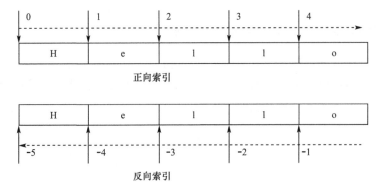

图 2-5　字符串索引(正向和反向)

图 2-5 中上方索引自 0 开始从左至右依次递增,这样的索引称为正向索引;下方索引自－1 开始,从右至左依次递减,这样的索引则称为反向索引。

通过索引可以获取指定位置的字符,语法格式如下:

字符串[索引]

假设索引 str_index 的值为"index",使用正向索引和反向索引获取该变量中的字符"d"。

示例代码如下:

```
♯1.字符串索引
str_index = 'index'
print(str_index[2])    ♯正向索引
print(str_index[−3])   ♯反向索引
```

执行结果如下:

```
d
d
```

**注意:**当使用索引访问字符串值时,索引的范围不能越界,否则程序会报索引越界异常。

**2.切片**

切片是截取目标对象中一部分的操作,语法格式如下:

[起始:结束:步长]

切片步长默认为1。注意:切片选取的区间属于左闭右开型,切下的子串包含起始位,但不包含结束位。

在使用切片时,步长的值不仅可以设置为正整数,还可以设置为负整数。示例程序如图2-6所示。

```
In [38]:  # 2.字符串切片
          str_word = 'Python!'
          str_word[0:4:3]  # 索引为0处开始,索引为4处结束,步长为3

Out[38]:  'Ph'
```

图2-6  字符串切片

## 2.7　实践任务

### 2.7.1　实验案例1:动态下载进度条实例

进度条以动态方式实时显示计算机处理任务时的进度,它一般由已完成任务量与未完成任务量组成。本实例要求编写程序,实现如图2-7所示的进度条动态显示的效果。

```
========================开始下载========================
100%[》》》》》》》》》》》》》》》》》》》》》》》》》》》》》》
========================下载完成========================
```

图2-7  动态下载进度条显示效果

**1.实验案例目标**

掌握 print()函数、熟悉 for 循环以及 format()方法的使用。

**2.实验案例分析**

首先定义一个变量接收总的任务量,然后在 for 循环体中编写表示已完成、未完成、完成百分比,最后使用 format()方法将字符串进行格式化输出。

**3.编码实现**

```
import time
incomplete_sign = 50    # "." 的数量
print('=' * 23+'开始下载'+'=' * 25)
for i in range(incomplete_sign + 1):
    completed = "》" * i    # 表示已完成
    incomplete = "." * (incomplete_sign − i)    # 表示未完成
    percentage = (i / incomplete_sign) * 100    # 百分比
    print("\r{:.0f}%[{}{}]".format(percentage, completed, incomplete), end="")
    time.sleep(0.5)
print("\n" + '=' * 23+'下载完成'+'=' * 25)
```

需要说明的是:\r 在这里表示将默认输出的内容返回到第一个指针,后面的内容会覆盖掉前面的内容,这样就达到了实时显示进度条的功能。

**4.运行测试**

运行代码,控制台输出结果如下:

```
===============开始下载================
100%[》》》》》》》》》》》》》》》》》》》》》》》》》》》》》》》》》》》》》》》》》》》》》》》]
=============下载完成================
```

**2.7.2** **实验案例 2:敏感词过滤实例**

敏感词是指带有敏感政治倾向、暴力倾向、不健康色彩的词或不文明的词语,大部分网站、论坛、社交软件都会使用敏感词过滤系统。本实例要求编写程序,实现过滤/替换语句中的敏感词功能。实例效果如图 2-8 所示。

请输入包含敏感词的一段话:这个产品是水货!
这个产品是**!

图 2-8   敏感词过滤实例效果

**1.实验案例目标**

掌握字符串中的 replace()方法模拟敏感词过滤功能。

**2.实验案例分析**

给定一个字符串,判断字符串中的文字是否在用户输入的数据中,如果存在使用 * 替换。

**3.编码实现**

```python
sensitive_character = '水货'    #敏感词库
test_sentence = input('请输入包含敏感词的一段话:')
for line in sensitive_character:    #遍历输入的字符是存在敏感词库中
    if line in test_sentence:    #判断是否包含敏感词
        test_sentence = test_sentence.replace(line, '*')
print(test_sentence)
```

**4.运行测试**

运行代码,控制台输出结果如下:

请输入包含敏感词的一段话:这个产品是水货!
这个产品是 * *!

**2.7.3** **实验案例 3:判断水仙花数**

"水仙花数"是指一个三位数,其各位数字立方和等于该数本身。例如:输入 370,因为 $370 = 3^3 + 7^3 + 0^3$,所以 370 是一个水仙花数。要求从控制台输入一个三位数 num,如果是水仙花数,就打印 num 是水仙花数,否则打印 num 不是水仙花数。实例效果如图 2-9 所示。

请输入一个三位数:370
370是水仙花数!

图 2-9   水仙花数实例效果

**1.实验案例目标**

掌握变量的定义和使用,掌握 input()函数、print()函数和输出格式的使用,熟悉 if 语句和水仙花数的应用。

**2.实验案例分析**

(1)定义变量 num 用于存放用户输入的数值;

(2)定义变量 gew、shiw、baiw 分别用于存放输入的三位数的个位、十位、百位;

(3)定义变量 total,用于存放各位数字立方和;

(4)用 if 语句判断各位数字立方和是否等于该本身;

(5)符合条件输出 num 是水仙花数,反之输出 num 不是水仙花数。

**3.编码实现**

```
num = int(input("请输入一个三位数:"))
gew = int(num % 10)    #个位
shiw = int(num / 10 % 10)    #十位
baiw = int(num // 100 % 10)    #百位
total = gew ** 3 + shiw ** 3 + baiw ** 3
if   total == num:
    print(f"{num}是水仙花数!")
else:
    print(f"{num}不是水仙花数!")
```

**4.运行测试**

运行代码,控制台输出结果如下:

```
请输入一个三位数:370
370是水仙花数!
```

### 2.7.4 实验案例4:回文数判断

假设 n 是一任意自然数,如果 n 的各位数字反向排列所得自然数与 n 相等,则 n 被称为回文数。从键盘输入一个数字,请编写程序判断这个数字是不是回文数,如果是,输出该数是回文数,否则,输出不是回文数。实例效果如图 2-10 所示。

```
请随机输入一个数字:121
121是回文数!
```

图 2-10    回文数实例效果

**1.实验案例目标**

掌握字符串切片的使用,掌握 input()函数、print()函数和输出格式的使用,熟悉 if 语句和回文数的应用。

**2.实验案例分析**

(1)定义函数使用字符串切片进行回文数转换;

(2)使用 input()函数接收数字;

(3)用 if 语句判断是否是回文数,如果是,则输出该数是回文数,否则,输出该数不是回文数。

**3.编码实现**

```
def hw(n):　＃定义 hw 函数
    str_n = str(n)　＃字符串转换
    return str_n == str_n[::-1]　＃字符串切片
num = input('请随机输入一个数字：')
b = hw(num)　＃调用函数
if b:
    print(f'{num}是回文数！')
else：
    print(f'{num}不是回文数！')
```

**4.运行测试**

运行代码,控制台输出结果如下：

请随机输入一个数字：121

121 是回文数！

## 2.8　本章小结

本章主要介绍了 Python 基础知识,包括代码格式、标识符和关键字、变量和数据类型、数字类型、字符串类型、数据类型转换以及运算符。通过本章的学习,希望读者能掌握 Python 中的基本数据类型的常见操作,根据实践任务多动手实践,为后续的学习打好扎实的基础。

## 2.9　习　题

**一、填空题**

1.Python 代码的缩进可以通过 _____ 控制,也可通过 _____ 控制。空格是 Python3 首选的缩进方法,一般使用 _____ 空格表示一级缩进；Python3 不允许混合使用 Tab 和空格。

2.Python 中的单行注释以 _____ 开头,用于说明当前行或之后代码的功能。单行注释既可以单独占一行,又可以位于标识的代码之后,与标识的代码共占一行。

3.Python 中的标识符需要遵守一定的规则,标示符由字母、下划线和数字组成,且 _____ 不能开头,区分 _____ ,不能使用 _____ 。

4.标识内存单元的标识符又称为 _____ ,Python 通过赋值运算符 _____ 将内存单元中存储的数值与变量名建立联系,即定义变量。

5.根据数据存储形式的不同,数据类型分为基本数字类型和组合数据类型,其中数字类型又分为整型、浮点型、_____ 和 _____ ；组合类型分为字符串、_____ 、元组、

_____等。

6.bool 类型比较特殊,它是 int 的子类,是特殊的_____,只有 True 和 False 两种取值。如果将布尔值进行数值运算,True 会被当作整型_____,False 会被当作整型_____。

7.将数值类型转换为字符串的函数是_____。

8.Python 运算符根据功能划分,运算符可分为算术运算符、_____、比较运算符、_____和成员运算符。

9.Python 支持使用单引号、双引号和三引号定义字符串,其中_____和_____通常用于定义单行字符串,_____通常用于定义多行字符串。

10.在一段字符串中如果包含多个转义字符,但又不希望转义字符产生作用,此时可以使用原始字符串。原始字符串即在字符串开始的引号之前添加_____或_____,使它成为原始字符串。

11.Python 字符串可通过_____、_____和_____三种方式实现格式化输出。

12.字符串切片选取的区间属于_____,切下的子串包含起始位,但不包含_____。

二、选择题

1.Python 中使用(　　)符号表示多行注释。

A.♯　　　　　　　　B.‘‘‘　’’’　　　　　　C.//　　　　　　　　D.<!--->

2.关于 Python 字符串类型的说法中,下列描述错误的是(　　)。

A.字符串是用来表示文本的数据类型

B.Python 中可以使用单引号、双引号、三引号定义字符串

C.Python 中单引号与双引号不可一起使用

D.使用三引号定义的字符串可以包含换行符

3.已知变量 name="小明",age=20,下列使用字符串格式化输出,不能正确输出的是(　　)。

A.print ('我叫%s,今年我%d 岁了' % (name,age))

B.print ('我叫%s,今年我%d 岁了' % (age, name))

C.print('我叫{},今年我{}岁了'.format(name, age))

D.print(f'我叫{name},今年我{age}岁了')

4.下列关于字符串操作,说法正确的是(　　)。

A.字符串可以进行加减乘除操作

B.字符串可以使用"+"符号进行拼接

C.字符串可以使用 split()方法进行字符串替换

D.字符串不可以使用 strip()方法去除两侧多余空格

三、简答题

1.简述 Python 中的数字类型有哪些。

2.简述 Python 中的运算符有哪些。

四、编程题

请使用字符串切片将字符串 anihc 逆序输出。

# 第3章

## Python 常用流程控制语句

**学习目标**

1. 了解程序结构
2. 掌握选择结构的使用方法
3. 掌握循环语句的使用方法
4. 掌握循环控制语句的使用方法

Python程序
结构

思政元素

### 3.1 程序结构

　　Python 程序中执行语句一般采用顺序执行的方式,或者根据条件表达式的结果选择执行不同的语句,或者在一定条件下循环执行部分语句等方式。因此,程序拥有顺序结构、选择结构和循环结构三种最基本的程序结构,三种结构控制语句执行顺序如图 3-1 所示。

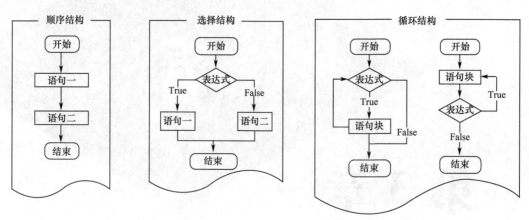

图 3-1 三种结构控制语句执行顺序

## 3.2 选择结构

选择结构中,Python 程序可以使用 if 语句、if...else 语句和 if...elif...else 语句实现。

### 3.2.1 if 语句

Python 的 if 语句功能跟其他编程语言非常相似,都是用来判断给定的条件是否满足,然后根据判断的结果(真或者假)决定是否执行给出的操作。if 语句是一种单选结构,由 if 关键字、条件表达式和语句块三部分组成,它根据表达式的判断结果选择是否执行相应的代码块。if 语句的语法形式如下:

```
if 条件表达式:
    语句块...
```

或者

```
if 条件表达式:语句
```

if 语句的执行流程如图 3-2 所示。

图 3-2 if 语句的执行流程

通过图 3-2 可以看出,当执行 if 语句时,若 if 语句表达式的值为 True(判断条件成立),则执行之后的语句块,语句块可以为单行或者多行语句,且缩进相同;若 if 语句表达式的值为 False(判断条件不成立),则跳出选择结构,继续向下执行。

注意：

1.在 Python 中，当表达式的值为非零的数或者非空的字符串时，if 语句也认为是条件成立（为真值）。

2.使用 if 语句时，如果只有一条语句，那么语句块可以直接写到冒号 "：" 的右侧，但为了代码可读性不建议这么做。

3.if 条件表达式后面的英文冒号（：）不能省略。

if 语句示例代码如下：

```
a = input("请输入一个整数：")
a = int(a)
if a > 8：
    print(a,"大于 8")
```

若输入整数 10，则执行结果如下：

```
请输入一个整数：10
10 大于 8
```

## 3.2.2　if...else 语句

Python 的 if 语句是一种单选结构，如果条件为真，则执行指定操作，否则跳过该操作。if...else 语句是一种双选结构，有两个分支，可根据条件表达式的判断结果选择执行哪一个分支。if...else 语句由 if 关键字、条件表达式、条件表达式为真（True）时要执行的语句块、else 关键字和条件表达式为假（False）时要执行的语句块五部分组成。if...else 语句的语法形式如下：

```
if 条件表达式：
    语句块 1
else：
    语句块 2
```

if...else 语句的执行流程如图 3-3 所示。

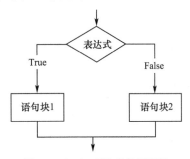

图 3-3　if...else 语句的执行流程

通过图 3-3 可以看出，当执行 if...else 语句时，若 if 语句表达式的值为 True（判断条件成立），则执行之后的语句块 1；若 if 语句表达式的值为 False（判断条件不成立），则执行 else 后面的语句块 2。

注意：

在使用 if...else 语句时，else 一定不可以单独使用，它必须和保留字 if 一起搭配使用。

if...else 语句示例代码如下：

```
a = input("请输入一个整数:")
a = int(a)
if a > 8:
    print(a, "大于 8")
else:
    print(a, "小于或等于 8")
```

若输入整数 10,则执行结果如下:

请输入一个整数:10

10 大于 8

若输入整数 6,则执行结果如下:

请输入一个整数:6

6 小于或等于 8

### 3.2.3  if...elif...else 语句

Python 除了提供单分支和双分支条件语句外,还提供多分支条件语句 if...elif...else。多分支条件语句用于处理单分支和双分支无法处理的情况。if...elif...else 语句的语法形式如下:

```
if 表达式 1:
    语句块 1
elif 表达式 2:
    语句块 2
elif 表达式 3:
    语句块 3
……
else:
    语句块 n
```

if...elif...else 语句的执行流程如图 3-4 所示:

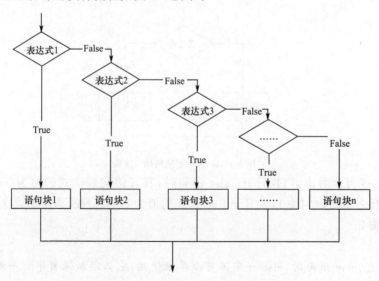

图 3-4  if...elif...else 语句的执行流程

通过图 3-4 可以看出,当执行 if...elif...else 语句时,若 if 语句表达式 1 的值为 True(判断条件成立),则执行 if 语句之后的语句块 1;若 if 语句表达式 1 的值为 False(判断条件不成立),则继续判断 elif 语句后的表达式 2,表达式 2 条件成立则执行 elif 语句之后的语句块 2,否则继续向下执行。以此类推,直至所有的表达式判断条件均不成立,则执行 else 语句之后的语句块 n。

注意:

if 和 elif 都需要判断表达式的真假,而 else 则不需要判断;另外 elif 和 else 都需要跟 if 一起使用,不能单独使用。

if...elif...else 语句示例代码如下:

```
a = input("请输入一个整数:")
a = int(a)
if a > 8:
    print(a, "大于 8")
elif a < 8:
    print(a, "小于 8")
else:
    print(a, "等于 8")
```

若输入整数 10,则执行结果如下:

```
请输入一个整数:10
10 大于 8
```

若输入整数 6,则执行结果如下:

```
请输入一个整数:6
6 小于 8
```

若输入整数 8,则执行结果如下:

```
请输入一个整数:8
8 等于 8
```

## 3.2.4　if 嵌套语句

前面已经介绍了 3 种形式的 if 语句,这三种都可以进行相互嵌套。

**1.在最简单的 if 语句中嵌套 if...else 语句**

```
if 表达式 1:
    if 表达式 2:
        语句块 1
    else:
        语句块 2
```

**2.在 if...else 中嵌套 if...else 语句**

```
if 表达式 1:
    if 表达式 2:
        语句块 1
    else:
        语句块 2
```

```
        else:
            if 表达式 3:
                语句块 3
            else:
                语句块 4
```

注意:

1.if 语句可以嵌套多层,不仅限于两层。在 if 嵌套语句中,如果出现多个 if 语句多于 else 语句的情况,那么该 else 语句将会根据缩进情况确定该 else 语句属于哪个 if 语句。

2.if 选择语句可以有多种嵌套方式,开发时可以根据自身的需要选择合适的嵌套方式,但一定要严格控制好不同级别代码的缩进量。

if 嵌套语句示例代码如下:

```
a = input("请输入您的考试分数:")
score = int(a)
if score >= 60:
    print("您已经及格")
    if score >= 90:
        print("您很优秀哦")
    else:
        print("不错,您还可以更好哦")
else:
    print("您的成绩不及格")
    if score <=40:
        print("您要更多更多努力才行")
    else:
        print("您要加油哦")
print("程序结束")
```

若输入整数 95,则执行结果如下:

```
请输入您的考试分数:95
您已经及格
您很优秀哦
程序结束
```

若输入整数 80,则执行结果如下:

```
请输入您的考试分数:80
您已经及格
不错,您还可以更好哦
程序结束
```

若输入整数 50,则执行结果如下:

```
请输入您的考试分数:50
您的成绩不及格
您要加油哦
程序结束
```

若输入整数 35,则执行结果如下:

请输入您的考试分数:35
您的成绩不及格
您要更多更多努力才行
程序结束

## 3.3　循环结构

循环结构是在一定条件下反复执行某段程序的流程结构,由循环体及循环的终止条件两部分组成。循环体是一组被重复执行的语句,循环的终止条件决定循环体能否继续执行。Python 中提供的循环语句主要包括 while 循环语句和 for 循环语句。

### 3.3.1　while 循环语句

while 循环语句一般用于实现条件循环,当条件满足时重复执行循环体中的代码块,直到条件不满足为止,该语句由关键字 while、条件表达式和冒号组成,while 语句和从属于该语句的代码块组成循环结构。

while 循环语句的语法格式如下:

while 条件表达式:
　　代码块

while 循环语句的执行流程如图 3-5 所示。

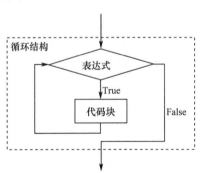

图 3-5　while 循环语句的执行流程

通过图 3-5 可以看出,当 while 循环语句首先判断循环条件表达式的结果是否为 True,若结果为 True,则执行 while 循环体中的代码块,其次判断循环条件表达式的结果是否为 True,若结果仍为 True,则再次执行该代码块,直至循环条件表达式的结果为 False,循环结束。

注意:

在使用 while 循环语句时,一定要记得编写将循环条件结果改变为 Flase 的代码,否则,将产生死循环。

while 循环语句示例代码如下：

```
#使用循环输出 1～4 分别乘以 10 所得的乘法表
num = 1
while num < 5:
    print(num, num * 10)
    num = num + 1
```

执行结果如下：

```
1 10
2 20
3 30
4 40
```

### 3.3.2　for 循环语句

相比较 while 的条件循环，for 循环是一种迭代循环。所谓迭代，是指重复执行相同的逻辑操作，每次操作都是基于上一次的结果而进行的。for 循环语句一般用于实现遍历序列，如一个列表、元组、集合、字典或者一个字符串等。

循环语句的语法形式如下：

```
for 变量 in 序列：
    循环体代码块
```

for 循环语句的执行流程如图 3-6 所示。

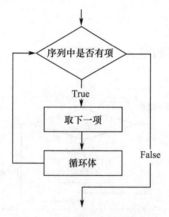

图 3-6　for 循环语句的执行流程

通过图 3-6 可以看出，for 循环语句的执行过程是：每次循环，都判断循环索引值是否还在序列中，如果在，则取出该值给循环体中的语句使用，如果不在，则结束循环。

for 循环语句示例代码 1 如下：

```
#使用 for 循环把字符串中的字符遍历出来
for word in 'Python':
    print('当前字母', word)
```

执行结果如下：

```
当前字母 P
当前字母 y
当前字母 t
```

当前字母 h

当前字母 o

当前字母 n

for 循环语句示例代码 2 如下：

```
＃使用 for 循环把列表中的元素遍历出来
colors = ['red', 'blue', 'green', 'yellow']
for color in colors：
    print('颜色元素', color)
print('Bye,color')
```

执行结果如下：

颜色元素 red

颜色元素 blue

颜色元素 green

颜色元素 yellow

Bye,color

for 循环常与 range( )函数搭配使用，以控制循环中代码块的执行次数，代码示例如下：

```
for i in range(3)：
    print('Hello')
```

执行结果如下：

Hello

Hello

Hello

## 3.3.3 循环嵌套

Python 语言允许在一个循环体中嵌套另一个循环体，例如，在 while 循环中可以嵌套 while 循环也可以嵌套 for 循环，在 for 循环中可以嵌套 for 循环也可以嵌套 while 循环，但嵌套循环一般不超过 3 层，以保证可读性。循环嵌套可以实现更为复杂的业务逻辑。

注意：

1.循环嵌套时，外层循环和内层循环是包含关系，即内层循环必须被完全包含在外层循环中。

2.当程序中出现循环嵌套时，程序每执行一次外层循环，其内层循环必须循环所有的次数（内层循环结束后），才能进入外层循环的下一次循环。

```
                *
              *   *   *
            *   *   *   *   *
          *   *   *   *   *   *   *
        *   *   *   *   *   *   *   *   *
      *   *   *   *   *   *   *   *   *   *   *
    *   *   *   *   *   *   *   *   *   *   *   *   *
  *   *   *   *   *   *   *   *   *   *   *   *   *   *   *
```

使用循环嵌套语句输出以上金字塔图案,示例代码如下:

```python
for i in range(1, 9):    #外层循环
    for j in range(0, 10-i):    #循环输出每行空格
        print(' ', end=' ')
    for j in range(0, 2*i-1):    #循环输出每行星号
        print(' * ', end=' ')
    print('')    #仅起换行作用
```

执行结果如图 3-7 所示。

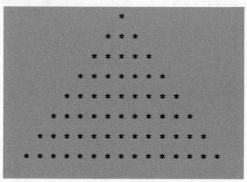

图 3-7　执行结果

## 3.4　循环控制语句

当循环满足一定条件时,程序会一直执行下去,如果需要在中间离开循环,也就是 for 循环结束之前,或者 while 循环找到结束条件之前,即可以使用 break 语句和 continue 语句。

### 3.4.1　break 语句

break 语句在 for 和 while 循环中被用来终止循环,即使循环条件仍满足或序列未被完全递归,也会停止整个循环语句的执行。

break 语句代码示例如下:

```python
#使用 for 循环把字符串中的字符遍历出来,当遍历到字母 h 时退出整个循环
for word in 'Python':
    if word == 'h':
        break
    print('当前字母', word)
```

执行结果如下:

```
当前字母 P
当前字母 y
当前字母 t
```

### 3.4.2 continue 语句

continue 语句的作用是终止当前循环,并忽略 continue 之后的语句,然后回到循环的顶端,提前进入下一次循环。

continue 语句代码示例如下:

```
# 使用 for 循环把字符串中的字符遍历出来,当遍历到字母 h 时退出当前循环
for word in 'Python':
    if word == 'h':
        continue
    print('当前字母', word)
```

执行结果如下:

```
当前字母 P
当前字母 y
当前字母 t
当前字母 o
当前字母 n
```

### 3.4.3 pass 语句

pass 语句是空语句,可以保持程序结构在形式上的完整性。pass 语句不做任何事情,一般用作占位语句。

pass 语句代码示例如下:

```
# 使用 for 循环把字符串中的字符遍历出来,当遍历到字母 h 时不做任何操作
for word in 'Python':
    if word == 'h':
        pass    # 占位用,使程序结构完整,可在后期实现
    else:
        print('当前字母', word)
```

执行结果如下:

```
当前字母 P
当前字母 y
当前字母 t
当前字母 o
当前字母 n
```

## 3.5 实践任务

### 3.5.1 实验案例 1:使用 if 语句编程实现猜拳游戏

在控制台中提示输入石头、剪刀、布,按 Enter 键,然后给出游戏结果。

**1.实验案例目标**

掌握 if 语句的用法。

**2.实验案例分析**

在猜拳游戏规则中,石头克剪刀,剪刀克布,布克石头。但是这在计算机中并不很好表示,因此可以使用 0、1、2 分别代表游戏中的石头、剪刀、布。

那么电脑该如何出拳呢? 那就该用到 Python 中的一个模块 random 中的一个方法,random.randint()在 0~2 范围内产生一个随机整数,就可以代表电脑出拳了。

**3.编码实现**

```python
import random
#从键盘获取用户的输入,只能输入0~2中的数字,否则结果会不正确
person = input('请输入:石头(0)、剪刀(1)、布(2):')
#input 返回的是一个字符串类型,randint(0,2)返回的是 int 类型,需要把 person 强制转换成 int 类型,类型一致才可以比较
person = int(person)
computer = random.randint(0, 2)
#为了更友好地显示信息
if person == 0:
    print('玩家:石头')
elif person == 1:
    print('玩家:剪刀')
else:
    print('玩家:布')
if computer == 0:
    print('电脑:石头')
elif computer == 1:
    print('电脑:剪刀')
else:
    print('电脑:布')
#如果出拳一样就是平局
if person == computer:
    print('你好厉害呀! 居然和我打成平局!')
#玩家:石头 电脑:剪刀
#玩家:剪刀 电脑:布
#玩家:布 电脑:石头    这三种情况下玩家赢
elif person == 0 and computer == 1 or person == 1 and computer == 2 or person == 2 and computer == 0:
    print('恭喜你,你赢了!')
#其他情况都是玩家输
else:
    print('真遗憾,你输了!')
```

**4.运行测试**

运行代码,控制台输出结果如下:

请输入:石头(0)、剪刀(1)、布(2):0

玩家:石头

电脑:剪刀

恭喜你,你赢了!

### 3.5.2　实验案例 2:使用 if 嵌套模拟实现车站乘客进站

**1.实验案例目标**

掌握 if 嵌套语句的用法。

**2.实验案例分析**

进站乘火车程序:通过提示分别输入两个条件:①你是否已经买票;②你是否携带了水果刀?

通过先后对这两个条件的判断,输出乘客是否允许进站上车的结果:

(1)没有票,未能进站;

(2)有票,通过了验票窗口,但携带了水果刀,不能进站上车;

(3)有票,未携带水果刀,可以上车。

**3.编码实现**

```python
print('Welcome to Guangzhou station!')
a = input('请输入是否有票(1:有票,0:没票):')
if a == '1':
    b = int(input('请输入是否携带水果刀(2:是,3:否)'))
    if b == '3':
        print('未携带,可以上车')
    else:
        print('携带,不允许上车')
else:
    print('没有车票,不允许进站,请到售票处购票')
```

**4.运行测试**

运行代码,控制台输出结果如下:

```
Welcome to Guangzhou station!
请输入是否有票(1:有票,0:没票):1
请输入是否携带水果刀(2:是,3:否):3
未携带,可以上车
```

### 3.5.3　实验案例 3:使用循环语句编程实现计算 1～100 偶数和

**1.实验案例目标**

掌握 while 循环语句的用法。

**2.实验案例分析**

该程序需要计算 1～100 的偶数和,需要使用两个变量,一个用来进行 1～100 的计数,另外一个用来求和。

**3.编码实现**

```
i = 1
sum = 0
while i <= 100:
    if i % 2 == 0:
        sum += i
    i += 1
print("1~100 的偶数和是%d" %sum)
```

**4.运行测试**

运行代码,控制台输出结果如下:

1~100 的偶数和是 2550

### 3.5.4 实验案例 4:使用循环嵌套实现打印九九乘法表

**1.实验案例目标**

掌握循环嵌套语句的用法。

**2.实验案例分析**

该程序需要首先使用一个循环表示乘数,再嵌套一个循环表示被乘数,再将乘数与被乘数相乘。

**3.编码实现**

```
#打印九九乘法表
for i in range(1, 10):          # range(1, 10)=[1,2,3,4,5,6,7,8,9]
    for s in range(1, i+1):
        print("%s * %s=%s " %(s,i,s * i),end = "")
    print()
```

**4.运行测试**

运行代码,控制台输出结果如下:

```
1 * 1=1
1 * 2=2 2 * 2=4
1 * 3=3 2 * 3=6 3 * 3=9
1 * 4=4 2 * 4=8 3 * 4=12 4 * 4=16
1 * 5=5 2 * 5=10 3 * 5=15 4 * 5=20 5 * 5=25
1 * 6=6 2 * 6=12 3 * 6=18 4 * 6=24 5 * 6=30 6 * 6=36
1 * 7=7 2 * 7=14 3 * 7=21 4 * 7=28 5 * 7=35 6 * 7=42 7 * 7=49
1 * 8=8 2 * 8=16 3 * 8=24 4 * 8=32 5 * 8=40 6 * 8=48 7 * 8=56 8 * 8=64
1 * 9=9 2 * 9=18 3 * 9=27 4 * 9=36 5 * 9=45 6 * 9=54 7 * 9=63 8 * 9=72 9 * 9=81
```

### 3.5.5 实验案例 5:使用跳转语句实现猜数游戏

**1.实验案例目标**

掌握循环语句中跳转语句的用法。

**2.实验案例分析**

该程序首先随机生成一个1到9的随机数,然后通过输入的数和随机数进行比较,只要没猜对就循环进行输入操作,直至猜对,使用 break 语句退出循环。

### 3.编码实现

```
figure = random.randint(1,10)
print("Please Guess")
guess = int(input("请输入一个数字:"))
while guess ! = figure:
    guess = int(input("你猜错啦,请再输入一个数字:"))
    if guess == figure:
        print("你太厉害了,恭喜你猜对了! 数字为:", guess)
        break
    else:
        if guess >figure:
            print("你输入的数字偏大了")
        else:
            print("你输入的数字偏小了")
print("游戏结束")
```

### 4.运行测试

运行代码,控制台输出结果如下:

```
Please Guess
请输入一个数字:8
你猜错啦,请再输入一个数字:6
你输入的数字偏大了
你猜错啦,请再输入一个数字:4
你输入的数字偏小了
你猜错啦,请再输入一个数字:5
你太厉害了,恭喜你猜对了! 数字为:5
游戏结束
```

## 3.6 本章小结

本章主要介绍了 Python 的选择结构和循环结构等相关知识,包括 if 语句、if...else 语句、if...elif...else 语句、if 嵌套语句、while 循环语句、for 循环语句、循环嵌套、break 语句、continue 语句、pass 语句等。

通过本章的学习,希望大家能够掌握 Python 编程中流程控制的使用方法。

## 3.7 习 题

**一、选择题**

1.已知 x＝10,y＝20,z＝30,执行以下代码:

```
if x < y:
    z = x
    x = y
    y = z
```

x、y、z 的值分别为(　　)。

A.10,20,30　　　　B.10,20,20　　　　C.20,10,10　　　　D.20,10,30

2.已知 a＝1,b＝2,c＝3,执行以下语句:

```
a = 1
b = 2
c = 3
if b < c:
    c -= a
    a += b
    b *= a
    print(a, b, c)
```

a,b,c 的值为(　　)。

A.1,2,3　　　　B.3,6,2　　　　C.2,6,3　　　　D.3,2,1

3.现有如下代码:

```
sum = 0
for i in range(100):
    if(i % 10):
        continue
    sum = sum + i
print(sum)
```

若运行代码,输出的结果为(　　)。

A.5050　　　　B.4950　　　　C.450　　　　D.45

**二、填空题**

1.Python 中的循环语句有_____和_____循环。

2._____语句可以跳出本次循环,执行下一次循环。

3.当 if 条件表达式为_____时,才会执行满足条件的语句。

**三、编程题**

1.使用 for 循环输出 1＋2＋3＋…＋100 的结果。

2.使用循环语句输出 50 以内的奇数和。

# 第 4 章

## 列表与元组

1. 了解序列类型的特点
2. 掌握序列类型的基本操作
3. 了解列表类型的特点
4. 掌握列表类型的操作
5. 了解元组类型的特点
6. 掌握元组类型的操作
7. 了解列表与元组的区别

列表与元组　　思政元素

---

### 4.1　　序列类型

　　序列指的是一块可以存放多个值的连续内存空间,这些值按特定的顺序进行排列,可通过每个值所在位置的编号(称为索引)访问它们。为了更形象地认识序列,可以将它看作一个带连续编号的储物柜,那么每一个储物柜就如同序列存储数据的一个个内存空间,每个储物柜所特有的号码就相当于索引值。也就是说,通过编号(索引)我们可以定位储物柜(序列)中的每个柜子(内存空间)。

　　在 Python 中,序列类型包括字符串、列表、元组、集合和字典。字符串是一种常见的序列,它可以直接通过索引访问字符串内的字符。

### 4.1.1 序列索引

序列中,每个元素都有属于自己的编号(索引)。从起始元素开始,索引值从 0 开始递增,如图 4-1 所示。

图 4-1 序列正向索引

Python 支持负数索引值,此类索引是从最后一个元素开始计数,索引值从 −1 开始,如图 4-2 所示。

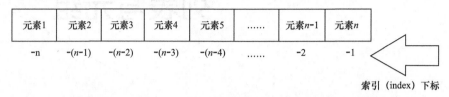

图 4-2 序列反向索引

**注意:** 在使用负值作为列序中各元素的索引值时,是从 −1 开始的,而不是从 0 开始的。

无论是采用正向索引,还是负向索引,都可以访问序列中的任何元素。以字符串为例,访问"防疫人人有责"的第一个元素和最后一个元素,可以使用如下的代码:

```
str="防疫人人有责"
print(str[0],"==",str[-6])
print(str[5],"==",str[-1])
```

输出结果为:

```
防==防
责==责
```

### 4.1.2 序列切片

切片操作是访问序列中元素的另一种方法,它可以访问一定范围内的元素,通过切片操作,可以生成一个新的序列。序列实现切片操作的语法格式如下:

```
sname[start :end :step]
```

参数说明:

sname:序列的名称。

start:切片的开始索引位置(包括该位置),此参数也可以不指定,默认为 0,也就是从序列的开头进行切片。

end:表示切片的结束索引位置(不包括该位置),如果不指定,则默认为序列的长度;

step:表示在切片过程中,隔几个存储位置(包含当前位置)取一次元素,如果 step 的值大于 1,则在进行切片取序列元素时,会采取跳跃方式取元素。如果省略设置 step 的值,则最后一个冒号就可以省略。

例如,对字符串"防疫人人有责"进行切片:

```
str="防疫人人有责"
♯取索引区间为[0,3]之间(不包括索引 3 处的字符)的字符串
print(str[:3])
♯隔 1 个字符取一个字符,区间是整个字符串
print(str[::2])
♯取整个字符串,此时 [] 中只需一个冒号即可
print(str[:])
```

输出结果为:

```
防疫人
防人有
防疫人人有责
```

## 4.1.3 序列相加

Python 支持两种类型相同的序列使用"＋"运算符做相加操作,它会将两个序列进行连接,但不会去除重复的元素。类型相同指的是"＋"运算符的两侧序列要么都是列表类型,要么都是元组类型,或者要么都是字符串。示例代码如下:

```
str1="热烈庆祝"
str2="中国共产党建党 100 周年"
print(str1＋str2)
```

输出结果为:

```
热烈庆祝中国共产党建党 100 周年
```

## 4.1.4 序列相乘

使用数字 n 乘以一个序列会生成新的序列,其内容为原来序列被重复 n 次的结果。示例代码如下:

```
♯列表的创建用 [],后续讲解列表时会详细介绍
list = ["我爱学习","我爱编程"] * 3
print(list)
♯列表中的每个元素都是 None,表示什么都没有
list = [None] * 5
print(list)
```

输出结果为:

```
['我爱学习', '我爱编程', '我爱学习', '我爱编程', '我爱学习', '我爱编程']
[None, None, None, None, None]
```

## 4.1.5 检查元素是否包含在序列中

Python 中,可以使用 in 关键字检查某元素是否为序列的成员,其语法格式如下:

```
value in sequence
```

其中,value 表示要检查的元素;sequence 表示指定的序列。例如,检查字符"中"是否包含在字符串"我是中国人,我爱中国"中,可以执行如下代码:

```
str="我是中国人,我爱中国"
print('中'in str)
```

输出结果为:

```
True
```

Python 还可以使用 not in 关键字来检查某个元素是否不包含在指定的序列中,例如:

```
str="我是中国人,我爱中国"
print('中' not in str)
```

输出结果为:

```
False
```

## 4.1.6 序列操作常用函数

len():计算序列的长度,即返回序列中包含多少个元素。

max():找出序列中的最大元素。

min():找出序列中的最小元素。

sum():计算元素和。注意,对序列使用 sum() 函数时,做加和操作的必须都是数字,不能是字符或字符串,否则该函数将抛出异常,因为解释器无法判定是要做连接操作(十 运算符可以连接两个序列),还是做加和操作。

list():将序列转换为列表。

str():将序列转换为字符串。

sorted():对元素进行排序。

reversed():反向序列中的元素。

enumerate():将序列组合为一个索引序列,多用在 for 循环中。

部分举例如下:

```
#找出序列中的最大元素
print(max([1,2,3,4,5,99]))
#找出序列中的最小元素
print(min([1,2,3,4,5,99]))
#对元素进行排序
print(sorted([1,34,3,5,6,7,12,33,90]))
#对字符串进行排序
print(sorted(['a','e','c','d','f','g','b','h','i']))
#enumerate 方法示例
str = "我爱学习"
for index, item in enumerate(str):
    print(index, item)
#对序列逆序排序
a = [1, 2, 3, 4, 5]
b = reversed(a)
#reversed 方法返回迭代器
for i in b:
    print(i, end=" ")
```

输出结果为：

```
99
1
[1, 3, 5, 6, 7, 12, 33, 34, 90]
['a', 'b', 'c', 'd', 'e', 'f', 'g', 'h', 'i']
0 我
1 爱
2 学
3 习
5 4 3 2 1
```

## 4.2 Python 列表

在编程开发过程中，经常需要将一组（不止一个）数据存储起来，以便后面的代码使用。类似 C 语言或者 Java 语言的数组（Array），它可以把多个相同类型的数据按照序列的形式存储到一起，通过数组下标访问数组中的元素。Python 中没有数组，但是加入了更加强大的列表。从形式上看，列表会将所有元素都放在一对中括号[ ]里面，相邻元素之间用逗号分隔，定义格式如下：

[元素 1，元素 2，元素 3，...，元素 n]

说明：元素个数没有限制，只要是 Python 支持的数据类型即可。例如：

♯列表中同时包含字符串、整数、列表、浮点数这些数据类型

["中国"，1，[22,33,44]，99.0]

虽然 Python 允许将不同类型的数据放入同一个列表中，但通常情况下不推荐这样做，从提高程序的可读性出发，建议同一列表中只放入同一类型的数据。

### 4.2.1 创建 Python 列表

在 Python 中，创建列表的方法可分为两种：

（1）使用[ ]创建列表，使用＝将它赋值给某个变量，具体格式如下：

列表名 ＝[元素 1，元素 2，元素 3，...，元素 n]

列表定义的示例如下：

```
nums = [1, 2, 3, 4, 5, 6, 7]
names = ["张三","李四","王五"]
programlanguages = ["C","C++", "Python", "Java"]
♯空列表
emptylist = [ ]
```

（2）使用 list()函数创建列表，Python 还提供了一个内置的函数 list()，可以将其他数据类型转换为列表类型。例如：

```
♯将元组转换成列表
tuple1 = ("C","C++", "Python", "Java")
```

```
list1 = list(tuple1)
print(list1)
#将字典转换成列表
dict1 = {'a':88, 'b':99, 'c':10}
list2 = list(dict1)
print(list2)
#将区间转换成列表
range1 = range(1, 9)
list3 = list(range1)
print(list3)
#创建空列表
print(list())
```

输出结果为：
```
['C', 'C++', 'Python', 'Java']
['a', 'b', 'c']
[1, 2, 3, 4, 5, 6, 7, 8]
[]
```

## 4.2.2　访问列表元素

　　列表是 Python 序列类型的一种，可以使用索引（Index）访问列表中的某个元素，从而得到一个元素的值，也可以使用切片访问列表中的一组元素，得到一个新的子列表。示例代码如下：

```
#将字符串转换成列表
list1 = list("富强民主文明和谐自由平等公正法治爱国敬业诚信友善")
#使用索引访问列表中的某个元素
print(list1[2])    #使用正向索引
print(list1[-2])    #使用负向索引
#使用切片访问列表中的一组元素
print(list1[6:8])    #使用正向切片
print(list1[9:18:3])    #指定步长
print(list1[-5:-1])    #使用负向切片
```

输出结果为：
```
民
友
['和', '谐']
['由', '公', '治']
['业', '诚', '信', '友']
```

## 4.2.3　列表删除

　　对于已经创建的列表，可以使用 del 关键字将其删除。但是，实际开发中并不经常使用 del 删除列表，Python 自带的垃圾回收机制会自动销毁无用的列表，即使不人工删除，Python 也会自动将其回收。示例代码如下：

```
list1 = [1, 2, 3, 4]
print(list1)
del list1
print(list1)
```

输出结果为：

```
[1, 2, 3, 4]
Traceback (most recent call last):
    File "<input>", line 4, in <module>
NameError:name 'list1' is not defined
```

## 4.2.4 列表添加元素

**1.append( )方法**

在列表中插入元素，一般使用以下三种方法：

append( )方法是在列表的末尾追加元素，该方法的语法格式如下：

列表.append(obj)

说明：obj 表示添加到列表末尾的数据，它可以是单个元素，也可以是列表、元组等。示例代码如下：

```
list1 = ['C', 'C++', 'Java']
#追加元素
list1.append('Python')
print(list1)
#追加元组,整个元组被当成一个元素
t = ('JavaScript', 'C#', 'Go')
list1.append(t)
print(list1)
#追加列表,整个列表被当成一个元素
list1.append(['Ruby', 'R'])
print(list1)
```

输出结果为：

```
['C', 'C++', 'Java', 'Python']
['C', 'C++', 'Java', 'Python', ('JavaScript', 'C#', 'Go')]
['C', 'C++', 'Java', 'Python', ('JavaScript', 'C#', 'Go'), ['Ruby', 'R']]
```

**2.extend( )方法**

extend( )方法添加元素，extend( ) 和 append( ) 的不同之处在于 extend( ) 不会将列表或者元组视为一个整体，而是把它们包含的元素逐个添加到列表中。

extend( ) 方法的语法格式如下：

列表.extend(obj)

说明：obj 表示添加到列表末尾的数据，它可以是单个元素，也可以是列表、元组等，但不能是单个的数字。示例代码如下：

```
list1 = ['C', 'C++', 'Java']
#追加元素
list1.extend('Python')
print(list1)
```

```
#追加元组,元组被拆分成多个元素
t = ('JavaScript', 'C#', 'Go')
list1.extend(t)
print(list1)
#追加列表,列表被拆分成多个元素
list1.extend(['Ruby', 'R'])
print(list1)
```

输出结果为：

```
['C', 'C++', 'Java', 'P', 'y', 't', 'h', 'o', 'n']
['C', 'C++', 'Java', 'P', 'y', 't', 'h', 'o', 'n', 'JavaScript', 'C#', 'Go']
['C', 'C++', 'Java', 'P', 'y', 't', 'h', 'o', 'n', 'JavaScript', 'C#', 'Go', 'Ruby', 'R']
```

**3.insert()方法**

append() 和 extend() 方法只能在列表末尾插入元素,如果在列表中间某个位置插入元素,那么需要使用 insert() 方法。

insert() 的语法格式如下：

```
列表.insert(index , obj)
```

说明：index 表示指定位置的索引值。insert() 会将 obj 插入列表第 index 个元素的位置。当插入列表或者元组时,insert() 也会将它们视为一个整体,作为一个元素插入列表中,这里和 append()是一样的。示例代码如下：

```
list1 = ['C', 'C++', 'Java']
#追加元素
list1.insert(1,'Python')
print(list1)
#插入元组,整个元组被当成一个元素
t = ('JavaScript', 'C#', 'Go')
list1.insert(2,t)
print(list1)
#插入列表,整个列表被当成一个元素
list1.insert(3,['Ruby', 'R'])
print(list1)
#插入字符串,整个字符串被当成一个元素
list1.insert(0, "https://www.python.org/")
print(list1)
```

输出结果为：

```
['C', 'Python', 'C++', 'Java']
['C', 'Python', ('JavaScript', 'C#', 'Go'), 'C++', 'Java']
['C', 'Python', ('JavaScript', 'C#', 'Go'), ['Ruby', 'R'], 'C++', 'Java']
['https://www.python.org/', 'C', 'Python', ('JavaScript', 'C#', 'Go'), ['Ruby', 'R'], 'C++', 'Java']
```

## 4.2.5 删除列表元素

**1.使用 del 关键字或者 pop() 方法根据目标元素所在位置的索引删除元素**

del 是 Python 中的关键字,专门用来执行删除操作,它不仅可以删除整个列表,还可以删除列表中的某些元素。语法格式如下：

```
del 列表[index]
```

说明：index 表示元素的索引值。

del 也可以删除中间一段连续的元素，语法格式如下：

```
del 列表[start :end]
```

说明：start 表示起始索引，end 表示结束索引。del 会删除从索引 start 到 end 之间的元素，但不包括 end 位置的元素。

使用 del 删除列表元素的示例如下：

```
#使用 del 删除单个列表元素
lang1 = ['C', 'Python', 'C++', 'Java']
#使用正向索引
del lang1[3]
print(lang1)
#使用负向索引
del lang1[-2]
print(lang1)
#使用 del 删除一段连续的元素
lang2 = ['C', 'Python', 'C++', 'Java']
del lang2[1:3]
print(lang2)
lang2.extend(["PHP", "C#", "Go"])
del lang2[-4:-2]
print(lang2)
```

输出结果为：

```
['C', 'Python', 'C++']
['C', 'C++']
['C', 'Java']
['C', 'C#', 'Go']
```

Python 还提供了 pop() 方法用来删除列表中指定索引处的元素，具体格式如下：

```
列表.pop(index)
```

说明：index 表示索引值。如果不写 index 参数，就会默认删除列表中的最后一个元素，类似于数据结构中的"出栈"操作。

使用 pop() 方法删除列表元素的示例如下：

```
lang3 = ['C', 'Python', 'C++', 'Java']
lang3.pop(3)
print(lang3)
lang3.pop()
print(lang3)
```

输出结果为：

```
['C', 'Python', 'C++']
['C', 'Python']
```

**2.使用列表(list 类型)提供的 remove() 方法根据元素本身的值进行删除**

Python 提供了 remove() 方法根据元素本身的值来进行删除操作。但是要注意的是：remove() 方法只会删除第一个和指定值相同的元素，而且必须保证该元素是存在的，否则会引发 ValueError 错误。

使用 remove() 方法删除列表元素的示例如下：

```
lang4 = ['C', 'Python', 'C++', 'Java']
lang4.remove('C++')
print(lang4)
lang4.remove('C++')
print(lang4)
```

输出结果为：

```
['C', 'Python', 'Java']
Traceback (most recent call last):
    File "<input>", line 4, in <module>
ValueError:list.remove(x):x not in list
```

**3.使用列表(list 类型)提供的 clear() 方法将列表中所有元素全部删除**

clear() 用来删除列表的所有元素，也就是清空列表，示例如下：

```
lang5 = ['C', 'Python', 'C++', 'Java']
lang5.clear()
print(lang5)
```

输出结果为：

```
[ ]
```

## 4.2.6 修改列表元素

若修改单个元素，则直接对元素赋值即可，示例如下：

```
nums = [1, 2, 3, 4, 5, 6, 7]
nums[2] = 88    #使用正向索引
nums[-3] = 99    #使用负向索引
print(nums)
```

输出结果为：

```
[1, 2, 88, 4, 99, 6, 7]
```

Python 支持通过切片语法给一组元素赋值。在进行此类操作时，如果不指定步长(step 参数)，就不要求新赋值的元素个数与原有的元素个数相同；这意味着该操作既可以为列表添加元素，也可以为列表删除元素。修改一组元素的值，示例如下：

```
nums1 = [1, 2, 3, 4, 5, 6, 7]
#修改第 1~4 个元素的值(不包括第 4 个元素)
nums1[1:4] = [66, 88, 99]
print(nums1)
```

输出结果为：

```
[1, 66, 88, 99, 5, 6, 7]
```

当使用切片语法时，指定了步长(step 参数)，则要求所赋值的新元素的个数与原有元

素的个数相同,示例如下:

```
nums2 = [1, 2, 3, 4, 5, 6, 7]
#步长为2,为第1、3、5 个元素赋值
nums2[1:6:2] = [66, 88, 99]
print(nums2)
#使用切片语法赋值时,Python 不支持单个值,下面的写法将报错
nums1[4:4] = 100
```

输出结果为:

```
[1, 66, 3, 88, 5, 99, 7]
Traceback (most recent call last):
    File "<input>", line 6, in <module>
TypeError:can only assign an iterable
```

如果对空切片(slice)赋值,就相当于插入一组新的元素,示例如下:

```
nums = [1, 2, 3, 4, 5, 6, 7]
#插入列表元素
nums[4:4] = [66, 88, 99]
print(nums)
```

输出结果为:

```
[1, 2, 3, 4, 66, 88, 99, 5, 6, 7]
```

## 4.2.7 查询列表元素

Python 列表(list)提供了 index() 和 count() 方法,它们都可以用来查找列表元素。

**1.index( ) 方法**

index() 方法用来查找某个元素在列表中出现的位置(索引),返回元素所在列表中的索引值。如果该元素不存在,则会导致 ValueError 错误,在查找之前建议使用 count() 方法判断一下。index() 的语法格式如下:

```
列表.index(obj, start, end)
```

说明:obj 表示要查找的元素,start 表示起始位置,end 表示结束位置。start 和 end 参数用来指定检索范围,start 和 end 可以都不写,此时会检索整个列表;如果只写 start 不写 end,那么表示检索从 start 到末尾的元素;如果 start 和 end 都写,那么表示检索 start 和 end 之间的元素。示例如下:

```
nums = [1, 2, 3, 2, 4, 5, 6, 7, 8]
#检索列表中的所有元素
print( nums.index(2) )
#检索 3~5 的元素
print( nums.index(4, 3, 5) )
#检索 3 之后的元素
print( nums.index(2, 3) )
#检索一个不存在的元素
print( nums.index(99) )
```

输出结果为:

```
1
4
3
Traceback (most recent call last):
    File "<input>", line 9, in <module>
ValueError:99 is not in list
```

**2. count()方法**

count()方法用来统计某个元素在列表中出现的次数,基本语法格式为:

listname.count(obj)

说明:obj 表示要统计的元素。如果 count() 返回 0,就表示列表中不存在该元素,所以 count() 也可以用来判断列表中的某个元素是否存在。例如下:

```
nums = [1, 2, 3, 2, 4, 5, 6, 7, 8]
#统计元素出现的次数
print("2 出现了%d 次" % nums.count(2))
#判断一个元素是否存在
if nums.count(99):
    print("列表中存在 99 这个元素")
else:
    print("列表中不存在 99 这个元素")
```

输出结果为:

2 出现了 2 次
列表中不存在 99 这个元素

## 4.3  Python 元组

元组(tuple)是 Python 中一个重要的序列结构,与列表类似,元组是由一系列按特定顺序排序的元素组成。元组和列表的不同之处在于列表的元素是可以更改的,包括修改元素值、删除和插入元素,列表是可变序列;而元组一旦被创建,它的元素就不可更改了,元组是不可变序列。

元组一般看作是不可变的列表,通常情况下,元组用于保存无须修改的内容。从形式上看,元组的所有元素都放在一对小括号( )中,相邻元素之间用逗号分隔,元素个数没有限制,只要是 Python 支持的数据类型即可。如下所示:

(元素 1, 元素 2, ... , 元素 n)

从存储内容上看,元组可以存储整型、实数、字符串、列表等任何类型的数据,并且在同一个元组中,元素的类型可以不同,例如:

```
#在这个元组中,有多种类型的数据,包括整型、字符串、列表、元组
("https://www.python.org", 1, [2,'abc'], ("abc",8.0))
```

## 4.3.1　创建元组

**1.通过( )创建元组**

可以通过( )创建元组,元组创建后一般使用=将它赋值给某个变量,具体格式为:

元组 = (元素 1,元素 2,...,元素 n)

元组的定义示例如下:

```
num = (1, 2, 3, 4, 5)
course = ("Python 官网", "https://www.python.org")
abc = ("Python", 88, [1,2,3], ('a',2.0))
```

元组通常都是使用一对小括号将所有的元素包围起来,但小括号不是必需的,只要将各元素用逗号隔开,Python 就会将其视为元组;如果创建的元组中只有一个字符串类型的元素,该元素后面就必须要加一个逗号,否则 Python 解释器会将它视为字符串。示例如下:

```
#字符串间用逗号间隔
tuple1 = "Python 官网", "http://", "www.python.org"
print(type(tuple1))
print(tuple1)
#结尾加上逗号
tuple2 = ("https://www.python.org",)
print(type(tuple2))
print(tuple2)
#结尾不加逗号
tuple3 = ("https://www.python.org")
print(type(tuple3))
print(tuple3)
```

输出结果为:

```
<class 'tuple'>
('Python 官网', 'http://', 'www.python.org')
<class 'tuple'>
('https://www.python.org',)
<class 'str'>
https://www.python.org
```

**2.使用 tuple( )函数创建元组**

与列表类似,Python 还提供了一个内置的函数 tuple( ),用来将其他数据类型转换为元组类型。tuple( )的语法格式如下:

```
tuple(data)
```

说明:data 表示可以转化为元组的数据,包括字符串、元组、range 对象等。示例如下:

```
#将字符串转换成元组
tup1 = tuple("seig")
print(tup1)
#将列表转换成元组
list1 = ['Python', 'Java', 'C', 'Php']
tup2 = tuple(list1)
```

```
print(tup2)
#将字典转换成元组
dict1 = {'a':66, 'b':88, 'c':99}
tup3 = tuple(dict1)
print(tup3)
#将区间转换成元组
range1 = range(1, 6)
tup4 = tuple(range1)
print(tup4)
#创建空元组
print(tuple())
```

输出结果为：

```
('s', 'e', 'i', 'g')
('Python', 'Java', 'C', 'Php')
('a', 'b', 'c')
(1, 2, 3, 4, 5)
()
```

## 4.3.2 访问元组元素

和列表一样，python 是使用索引访问元组中的某个元素，得到的是一个元素的值，也可以使用切片访问元组中的一组元素，得到一个新的子元组。使用索引访问元组元素的格式为：

元组[i]

说明：i 表示索引值。元组的索引可以是正数，也可以是负数。使用切片访问元组元素的格式为：

元组[start :end :step]

说明：start 表示起始索引，end 表示结束索引，step 表示步长。访问元组元素示例如下：

```
url = tuple("http:// www.python.org")
#使用索引访问元组中的某个元素
print(url[2])    #使用正向索引
print(url[-2])    #使用负向索引
#使用切片访问元组中的一组元素
print(url[9:18])    #使用正向切片
print(url[9:18:3])    #指定步长
print(url[-6:-1])    #使用负向切片
```

输出结果为：

```
t
g
('w', 'w', '.', 'p', 'y', 't', 'h', 'o', 'n')
('w', 'p', 'h')
('n', '.', 'o', 'r', 'g')
```

另外，因为元组也是序列类型的一种，成员关系操作符 in 和 not in 也可以直接应用在元组上，用法与列表是一样的。

### 4.3.3　变更元组

元组是不可变序列,元组中的元素不能被修改,如果需要进行变更,只能创建一个新的元组去替代旧的元组。另外,还可以通过使用＋可以拼接元组的方式向元组中添加新元素,生成一个新的元组。示例如下:

```
tup = (1, 2, 3, 4)
print(tup)
# 对元组进行重新赋值
tup = ('Python 官网',"www.python.org")
# 原来的元组被变更为新元组
print(tup)
# 通过连接多个元组(使用＋可以拼接元组)的方式向元组中添加新元素
tup1 = (1, 2, 3, 4)
tup2 = (5, 6, 7, 8)
# 产生的是新元组
print(tup1＋tup2)
# 原来的元组不变
print(tup1)
print(tup2)
```

输出结果为:

```
(1, 2, 3, 4)
('Python 官网', 'www.python.org')
(1, 2, 3, 4, 5, 6, 7, 8)
(1, 2, 3, 4)
(5, 6, 7, 8)
```

### 4.3.4　删除元组

和列表类似,当创建的元组不再使用时,可以通过 del 关键字将其删除。由于 Python 自带垃圾回收功能,长期闲置的元组会被自动销毁,一般不需要通过 del 来手动删除。人工删除元组的示例如下:

```
tup = ('Python 教材',"Python 编程入门实战教程")
print(tup)
del tup
print(tup)
```

输出结果为:

```
('Python 教材', 'Python 编程入门实战教程')
Traceback (most recent call last):
    File "<input>", line 4, in <module>
NameError:name 'tup' is not defined
```

### 4.3.5　元组和列表的区别

　　元组和列表最大的区别在于:列表中的元素可以进行任意修改,而元组中的元素无法修改,只能将元组整体替换。可以理解为:tuple 元组是一个只读版本的 list 列表。具体数据存储上的差异,请看以下示例:

```
list = []
print(list._sizeof_())
tuple= ()
print(tuple._sizeof_())
输出结果为:
40
24
```

　　对于列表和元组来说,虽然它们都是空的,但元组却比列表少占用 16 字节。原因在于列表是动态的,它需要存储指针来指向对应的元素(占用 8 字节);另外,由于列表中元素可变,所以需要额外存储已经分配的长度大小(占用 8 字节)。元组长度大小固定,且存储元素不可变,存储空间也是固定的,所以元组比列表更加轻量级,比列表的访问和处理速度更快。因此,当需要对指定元素进行访问,且不涉及修改元素的操作时,建议使用元组。如果想要增加、删减或者改变元素,那么使用列表显然更优。因为对于元组来说,必须得通过新建一个元组来实现,反而增加不必要的系统开销。

## 4.4　实践任务

### 4.4.1　实验案例 1:请编程实现用户输入月份,判断这个月是哪个季节

　　问题描述:输入一个月份整数(1~12),使用程序判断输入月份为春、夏、秋、冬哪一个季节?

　　**1.实验案例目标**

　　了解列表类型的特点,掌握列表类型的操作。

　　**2.实验案例分析**

　　分别定义 4 个列表表示春、夏、秋、冬,3、4、5 月为春季,6、7、8 月为夏季,9、10、11 月为秋季,12、1、2 月为冬季,通过判断输入的月份属于哪个列表来确定季度。

　　**3.编码实现**

```
#接收用户输入的月份
month = int(input('month:'))
#定义列表
spring = [3,4,5]
summer = [6,7,8]
```

```
autom = [9,10,11]
winter = [12,1,2]
#判断输入的月份属于哪个季节
#列表的特性:成员操作符
if month in spring:
    print('%s 月是春天' %(month))
elif month in summer:
    print('%s 月是夏天' %(month))
elif month in autom:
    print('%s 月是秋天' %(month))
elif month in winter:
    print('%s 月是冬天' % (month))
else:
    print('请输入正确的月份')
```

**4.运行测试**

运行代码,控制台输出结果如下:

输入:1

------------------------

1 月是冬天

## 4.4.2　实验案例 2:编写四则运算测试系统

问题描述:提供 10 道随机的加、减、乘或除四种基本算术运算的题目,用户根据显示的题目输入自己的答案,程序可以自动判断输入的答案是否正确并显示出相应的信息。

**1.实验案例目标**

了解列表类型的特点,掌握列表类型的操作。

**2.实验案例分析**

使用列表存储四则运算的运算符,通过随机函数生成两个运算数字与其组成算术表达式,计算出表达式的值,然后与用户输入的值进行比较。

**3.编码实现**

```
import random
#定义用来记录总的答题数目和回答正确的数目
count = 0
right = 0
while count < 10:
    #创建列表,用来记录加/减/乘/除四则运算
    op = ['+', '-', '*', '/']
    #随机生成 op 列表中的字符
    s = random.choice(op)
    #随机生成 0~100 的数字
    a = random.randint(0,100)
    #除数不能为 0
```

```
        b = random.randint(1,100)
        print('%d %s %d = ' %(a,s,b))
        #默认输入字符串类型
        question = input('请输入您的答案:(q 退出)')
        #判断随机生成的运算符,并计算正确结果
        if s == '+':
            result = a + b
        elif s == '-':
            result = a - b
        elif s == '*':
            result = a * b
        else:
            result = int(a / b)
        #   判断用户输入的结果是否正确,str 表示强制转换为字符串类型
        if question == str(result):
            print('回答正确')
            right += 1
            count += 1
        elif question == 'q':
            break
        else:
            print('回答错误')
            count += 1
#计算正确率
if count == 0:
    percent = 0
else:
    percent = right / count
print('测试结束,你一共回答了%d 道题,回答正确个数为%d,正确率为%.2f%%' %(count,right,
percent * 100))
```

### 4.运行测试

运行代码,控制台输出结果如下:

```
52 - 4 =
请输入您的答案:(q 退出)>? 48
回答正确
45 - 16 =
请输入您的答案:(q 退出)>? 29
回答正确
54 / 45 =
请输入您的答案:(q 退出)>? 1
回答正确
23 + 8 =
```

请输入您的答案:(q 退出)＞? 31

回答正确

31 ＊ 67 ＝

请输入您的答案:(q 退出)＞? 2077

回答正确

69 ＊ 36 ＝

请输入您的答案:(q 退出)＞? 2484

回答正确

70 － 5 ＝

请输入您的答案:(q 退出)＞? 65

回答正确

22 / 26 ＝

请输入您的答案:(q 退出)＞? 0

回答正确

42 － 60 ＝

请输入您的答案:(q 退出)＞? －18

回答正确

50 － 51 ＝

请输入您的答案:(q 退出)＞? －1

回答正确

测试结束,你一共回答了 10 道题,回答正确个数为 10,正确率为 100.00％

## 4.4.3 实验案例 3:按格式要求输出《七律·长征》

问题描述:按照两句诗词一行,每行结束后换行的格式进行输出。

**1.实验案例目标**

了解元组类型的特点,掌握元组类型的操作。

**2.实验案例分析**

将诗词用元组进行定义后,使用 enumerate()方法来获取索引和元素项目,进行偶数判断后输出换行,实现每两行输出一句。

**3.编码实现**

```python
print("《七律·长征》")
verse ＝ ("红军不怕远征难","万水千山只等闲","五岭逶迤腾细浪","乌蒙磅礴走泥丸","金沙水拍云崖暖","大渡桥横铁索寒","更喜岷山千里雪","三军过后尽开颜")
for index,item in enumerate(verse):
    if index％2 ＝＝ 0:　♯判断是否为偶数,为偶数时不换行
        print(item＋",", end='')
    else:
        print(item＋"。")　♯换行输出
```

**4.运行测试**

运行代码,控制台输出结果如下:

《七律·长征》

红军不怕远征难,万水千山只等闲。

五岭逶迤腾细浪,乌蒙磅礴走泥丸。

金沙水拍云崖暖,大渡桥横铁索寒。

更喜岷山千里雪,三军过后尽开颜。

## 4.5 本章小结

本章主要介绍了一些 Python 的列表与元组的知识,重点介绍了序列类型的特点与各种通用操作、Python 列表、元组的定义与使用、列表与元组的区别等内容。

通过本章的学习,希望读者能够掌握使用列表与元组操作数据的方法,提高使用 Python 进行数据应用的编程能力。

## 4.6 习 题

**一、填空题**

1.可以通过_____函数创建一个列表。

2.Python 中列表的元素可通过_____或_____两种方式访问。

3.Python 列表切片操作如果不指定结束索引,默认为_____。

4.可以通过_____函数创建一个元组。

**二、简答题**

1.简述元组与列表的区别。

2.阅读下面的程序:

```
li_one = [2, 1, 5, 6]
print(sorted(li_one[:2]))
```

运行程序,输出结果是?

3.如何查看元组的长度?

4.如何把列表转换成元组?

**三、编程题**

1.已知列表 list1 = [1, 3, 2, 8]和 list2 = [4, 6, 9, 7],请将这两个列表合并为一个列表,并将合并后的列表中的元素按降序排列。

2.已知元组 tuple1 = ('p', 'y', 't', ['o', 'n']),向元组的最后一个列表中添加新元素"h"后,再使用元组打印输出"python"

# 第 5 章

## 字典与集合

学习目标

1. 了解字典类型的特点
2. 掌握字典类型的基本操作
3. 了解集合类型的特点
4. 掌握集合类型的基本操作

字典与集合　　思政元素

## 5.1　　Python 字典

　　Python 字典(dict)是一种无序的、可变的序列,它的元素以"键值对(key-value)"的形式存储。相对地,列表(list)和元组(tuple)都是有序的序列,它们的元素在底层是顺序存放的。

　　字典类型是 Python 中唯一的映射类型。"映射"(map)是数学中的术语,指的是元素之间相互对应的关系,即通过一个元素可以唯一找到另一个对应的元素,如图 5-1 所示。

　　Python 字典中,习惯将各元素对应的索引称为键(key),各个键对应的元素称为值(value),键及其关联的值称为"键值对"。字典类型见名知意,很像生活中的字典,通过字典中的音节表索引,根据组合的拼音,就可以很快定位到想要查找的汉字。其中,字典里的音节表索引就相当于字典类型中的键 key,而键对应的汉字则相当于值 value。Python 中的字典类型与 Java 语言或者 C++语言中的 map 对象很相似。Python 字典类型具有的如下特征:

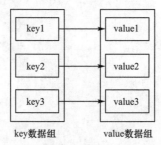

图 5-1 映射关系

（1）通过键而不是通过索引来读取元素。字典类型也称为关联数组或者散列（hash）表，它是通过键将一系列的值关联起来的，可以通过键从字典中获取指定项，但不能通过索引来获取。

（2）字典是任意数据类型的无序集合。列表、元组通常会将索引值 0 对应的元素称为第一个元素，而字典中的元素是无序的。

（3）字典长度是可变的，并且可以任意嵌套。字典可以在原位置增长或者缩短，并且它支持任意深度的嵌套，即字典存储的值也可以是列表或其他的字典。

（4）字典中的键要保证唯一。Python 字典中，键不允许重复，如果对相同键的值进行操作，只会保留最后操作的键值对。

（5）字典中的键不可变。Python 字典中每个键值对的键是不可变的，只能使用数字、字符串或者元组，不能使用列表，但是值是允许改变值的。

## 5.1.1 创建字典

**1.使用 {} 创建字典**

由于字典中每个元素都包含两个部分：键（key）和值（value），因此在创建字典时，键和值之间使用冒号（:）分隔，相邻元素之间使用逗号（,）分隔，所有元素放在大括号{}中。

使用{}创建字典的语法格式如下：

字典 = {'key':'value1','key2':'value2',…,'keyn':valuen}

说明：key :value 表示各个元素的键值对。同一字典中的各个键必须唯一，不能重复。使用{} 创建字典的示例如下：

```
#使用字符串作为 key
scores = {'Python':95,'C++':96,'Java':90}
print(scores)
#使用元组和数字作为 key
dict1 = {(10, 20):'great', 30:[1,2,3]}
print(dict1)
#创建空元组
dict2 = {}
print(dict2)
```

输出结果为：

```
{'Python':95, 'C++':96, 'Java':90}
{(10, 20):'great', 30:[1, 2, 3]}
{}
```

### 2.通过 fromkeys() 方法创建字典

dict 字典类型提供了一个名为 fromkeys() 的方法,它可以创建带有默认值的字典,具体格式为:

字典 = dict.fromkeys(list, value＝None)

说明:list 参数表示字典中所有键的列表(list),value 参数表示默认值,如果不写,则为空值 None。这种创建方式通常用于初始化字典,设置 value 的默认值。示例如下:

```
knowledge = ['Python', 'C++', 'Java']
scores = dict.fromkeys(knowledge, 80)
print(scores)
```

输出结果为:

```
{'Python':80, 'C++':80, 'Java':80}
```

### 3.通过 dict() 映射函数创建字典

通过 dict() 映射函数创建字典的方式很多,常用的有如下三种:

格式一:

字典 = dict(str1＝value1, str2＝value2, str3＝value3)

说明:str 表示字符串类型的键,value 表示键对应的值。使用此方式创建字典时,字符串不能带引号。

格式二:

字典 = dict([(key1, value1), (key2, value2), (key3, value3),…])
字典 = dict([[key1, value1], [key2, value2], [key3, value3],…])
字典 = dict(( (key1, value1), (key2, value2), (key3, value3),…))
字典 = dict(( [key1, value1], [key2, value2], [key3, value3],…))

说明:向 dict() 函数传入列表或元组,而它们中的元素又各自是包含 2 个元素的列表或元组,其中第一个元素作为键,第二个元素作为值。

格式三:

keys = [key1, key2, key3,…]   ♯还可以是字符串或元组
values = [value1, value2, value3,…]   ♯还可以是字符串或元组
字典 = dict( zip(keys, values) )

说明:zip() 函数用于将可迭代的对象作为参数,将对象中对应的元素打包成元组,然后返回由这些元组组成的列表。通过应用 dict() 函数和 zip() 函数,可将两个列表转换为对应的字典。

无论采用以上哪种格式创建字典,字典中各元素的键都只能是字符串、元组或数字,不能是列表,因为列表是可变的,不能作为键。下面通过 dict() 映射函数创建字典,示例如下:

```
dict1 = dict(two=2, one=1, three=3)   ♯使用此方式创建字典时,字符串不能带引号
print(dict1)
dict2 = dict([('two',2), ('one',1), ('three',3)])
print(dict2)
dict3 = dict([['two',2], ['one',1], ['three',3]])
```

```
print(dict3)
dict4 = dict((('two',2), ('one',1), ('three',3)))
print(dict4)
dict5 = dict((['two',2], ['one',1], ['three',3]))
print(dict5)
keys = ['one', 'two', 'three']  #还可以是字符串或元组
values = [1, 2, 3]  #还可以是字符串或元组
dict6 = dict( zip(keys, values) )
print(dict6)
dict7 = dict()  #创建空的字典
print(dict7)
```

输出结果为：

```
{'two':2, 'one':1, 'three':3}
{'two':2, 'one':1, 'three':3}
{'two':2, 'one':1, 'three':3}
{'two':2, 'one':1, 'three':3}
{'two':2, 'one':1, 'three':3}
{'one':1, 'two':2, 'three':3}
{}
```

## 5.1.2 访问字典

字典与列表和元组通过下标来访问元素的方式不同，它是通过键(key)来访问对应的值(value)的。因为字典中的元素是无序的，每个元素的存储位置不固定，所以字典不能像列表和元组那样，采用切片的方式一次性访问多个元素。Python 访问字典元素的具体格式为：

字典[key]

说明：key 表示键名，在访问字典时键必须是存在的，否则会抛出异常。示例如下：

```
dict1 = {'two':2, 'one':1, 'three':3}
print(dict1['two'])
print(dict1['four'])
```

输出结果为：

```
2
Traceback (most recent call last):
    File "<input>", line 3, in <module>
KeyError:'four'
```

除了使用键来访问对应值这种方式外，Python 更推荐使用 dict 类型提供的 get() 方法来获取指定键对应的值。当指定的键不存在时，get() 方法不会抛出异常。get() 方法的语法格式为：

字典.get(key[,default])

说明：key 表示指定的键；default 用于指定要查询的键不存在时，此方法返回的默认值，如果不手动指定，会返回 None。示例如下：

```
dict1 = {'two':2, 'one':1, 'three':3}
print(dict1.get('two'))
print(dict1.get('five','该键不存在'))
```

输出结果为：

```
2
该键不存在
```

## 5.1.3 删除字典

与删除列表、元组一样，手动删除字典使用 del 关键字。由于 Python 自带垃圾回收功能，会自动销毁闲置的字典，因此一般不需要通过 del 来手动删除。示例如下：

```
dict2 = {'two':2, 'one':1, 'three':3}
print(dict2)
del dict2
print(dict2)
```

输出结果为：

```
{'two':2, 'one':1, 'three':1}
Traceback (most recent call last):
    File "<input>", line 4, in <module>
NameError:name 'dict2' is not defined
```

## 5.1.4 字典元素基本操作

由于字典属于可变序列，因此可以任意操作字典中的键值对(key-value)，常见的元素操作有如下几种：

**1.添加字典键值对**

为字典添加新的键值对是通过直接给不存在的 key 赋值来实现的，具体语法格式如下：

```
字典[key] = value
```

说明：key 表示新的键，value 表示新的值，只要是 Python 支持的数据类型都可以。示例如下：

```
#在现有字典基础上添加新元素的过程
dict = {'C':90}
print(dict)
#添加新键值对
dict['Python'] = 89
print(dict)
#再次添加新键值对
dict['Java'] = 90
print(dict)
```

输出结果为：

```
{'C':90}
{'C':90, 'Python':89}
{'C':90, 'Python':89, 'Java':90}
```

**2.修改字典键值对**

Python 字典中键(key)不能被修改且要保证唯一,但是可以修改值(value)。如果新添加元素的键与已存在元素的键相同,原来元素的值就会被新的值替换掉,从而修改字典元素的值。示例如下:

```
dict = {'C':90, 'Python':89, 'Java':90}
print(dict)
dict['Python'] = 100
print(dict)
```

输出结果为:

```
{'C':90, 'Python':89, 'Java':90}
{'C':90, 'Python':100, 'Java':90}
```

**3.删除字典键值对**

删除字典中的键值对需使用 del 语句,只是需要指明列表元素的键。示例如下:

```
dict = {'C':90, 'Python':89, 'Java':90}
print(dict)
del dict['Python']
print(dict)
```

输出结果为:

```
{'C':90, 'Python':89, 'Java':90}
{'C':90, 'Java':90}
```

**4.判断字典中指定键值对的存在性**

判断字典是否包含指定键值对的键,可以使用 in 或 not in 运算符,只要包含指定键的键值对,in 就会返回布尔值 True,不存在则返回 False,not in 则反之。示例如下:

```
dict = {'C':90, 'Python':89, 'Java':90}
#判断 dict 中是否包含名为'Python'的 key
print('Python' in dict) #True
#判断 dict 是否包含名为'Php'的 key
print('Php' in dict) #False
print('Php' not in dict) #True
```

输出结果为:

```
True
False
True
```

## 5.1.5 获取字典中的信息数据

Python 提供了三个方法用来获取字典中的信息数据:

(1)keys() 方法用于返回字典中的所有键(key);

(2)values() 方法用于返回字典中所有键对应的值(value);

(3)items() 用于返回字典中所有的键值对(key-value)。

需要注意的是,在 Python 3.x 版本后,这些信息数据的返回值并不是常见的列表或者元组类型,官方不希望用户直接操作这几个方法的返回值。如果需要获取这些数据,一般使

用 list() 函数,将它们返回的数据转换成列表,或者使用 for in 循环遍历它们的返回值。示例如下:

```python
# 使用 list() 函数将字典信息转换成列表
dict1 = {'C':90, 'Python':89, 'Java':90}
keys1 = list(dict1.keys())
print(keys1)
values1 = list(dict1.values())
print(values1)
items1 = list(dict1.items())
print(items1)
print("\n--------------")
# 使用 for in 循环遍历字典信息
for k in dict1.keys():
    print(k,end=' ')
print("\n--------------")
for v in dict1.values():
    print(v,end=' ')
print("\n--------------")
for k,v in dict1.items():
    print("key:",k," value:",v)
```

输出结果为:

```
['C', 'Python', 'Java']
[90, 89, 90]
[('C', 90), ('Python', 89), ('Java', 90)]
--------------
C Python Java
--------------
90 89 90
--------------
key:C   value:90
key:Python   value:89
key:Java   value:90
```

## 5.1.6 常用字典操作方法

Python 为了让字典操作更加便捷,提供了常用的字典操作方法:

**1.copy()方法**

copy()方法返回一个字典的拷贝,即返回一个具有相同键值对的新字典。但是要注意:被复制的字典的值的类型,简单数据类型 copy() 方法会对表层的键值对进行深拷贝,会再申请一块内存用来存放这些复制的值;复杂数据类型,如列表,copy() 方法对其做的是浅拷贝,复制出来的数据和原来的数据是共享内存存储的。具体示例如下:

```python
old = {'one':1, 'two':2, 'three':[1,2,3]}
new = old.copy()
```

♯向 old 字典中添加新键值对,由于 new 字典已经提前将 old 字典所有键值对都深拷贝过来,因此 old 字典添加新键值对,不会影响 new 字典。

```
old['four']=100
print(old)
print(new)
```

♯由于 old 字典和 old 字典共享[1,2,3](浅拷贝),因此移除 old 字典中列表中的元素,也会影响 old 字典。

```
old['three'].remove(1)
print(old)
print(new)
```

输出结果为:

```
{'one':1, 'two':2, 'three':[1, 2, 3], 'four':100}
{'one':1, 'two':2, 'three':[1, 2, 3]}
{'one':1, 'two':2, 'three':[2, 3], 'four':100}
{'one':1, 'two':2, 'three':[2, 3]}
```

由上面的例子可以看出,浅拷贝是指重新分配一块内存,创建一个新的对象,但里面的元素是原对象中各个子对象的引用;深拷贝是指重新分配一块内存,创建一个新的对象,并且将原对象中的元素以递归的方式,通过创建新的子对象拷贝到新对象中,新对象和原对象没有任何关联。Python 中以 copy.deepcopy() 来实现对象的深拷贝。比如上述例子写成下面的形式,就是深拷贝:

```
import copy
old = {'one':1, 'two':2, 'three':[1,2,3]}
♯深拷贝
new = copy.deepcopy(old)
old['three'].remove(1)
print(old)
♯新字典和原字典没有任何关联
print(new)
```

输出结果为:

```
{'one':1, 'two':2, 'three':[2, 3]}
{'one':1, 'two':2, 'three':[1, 2, 3]}
```

**2.update()方法**

update()方法可以使用一个字典所包含的键值对来更新已有的字典,在执行 update() 方法时,如果被更新的字典中已包含对应的键值对,那么原键值会被覆盖;如果被更新的字典中不包含对应的键值对,则该键值对被添加进去。具体示例如下:

```
dict1 = {'C':90, 'Python':89, 'Java':90}
dict1.update({'Java':100,'Python':100})
print(dict1)
♯如果不存在则添加
dict1.update({'Php':88})
print(dict1)
```

输出结果为:

{'C':90, 'Python':100, 'Java':100}

{'C':90, 'Python':100, 'Java':100, 'Php':88}

### 3. pop()方法

pop()方法可以用来删除指定的键值对,功能上与 del 删除类似。具体示例如下:

dict1 = {'C':90, 'Python':89, 'Java':90}

dict1.pop('C')

print(dict1)

dict1.pop('Php') # 删除不存在的 key 会报错

输出结果为:

{'Python':89, 'Java':90}

Traceback (most recent call last):

　　File "<input>", line 4, in <module>

KeyError:'Php'

### 4. popitem()方法

popitem()方法可以删除字典中最后一个键值对,并返回字典,如果字典为空,会引发 KeyError 异常。具体示例如下:

dict1 = {'C': 90, 'Python': 89, 'Java': 90}

pop_obj = dict1.popitem()

print(pop_obj)

pop_obj = dict1.popitem()

print(pop_obj)

输出结果为:

{'C':90, 'Python':89}

{'C':90}

### 5. setdefault()方法

setdefault()可以用来返回某个键(key)对应的值(value),其语法格式如下:

字典.setdefault(key, defaultvalue)

说明:key 表示键,defaultvalue 表示默认值(可选项,不写就是 None)。如果该 key 存在,那么直接返回该 key 对应的 value;当指定的 key 不存在时,setdefault() 会先为这个不存在的 key 设置一个默认的 defaultvalue,然后再返回 defaultvalue。具体示例如下:

dict1 = {'C':90, 'Python':89, 'Java':90}

print(dict1)

# key 不存在,指定默认值

print(dict1.setdefault('Php', 94))

# key 不存在,不指定默认值

print(dict1.setdefault('Go'))

# key 存在,指定默认值

print(dict1.setdefault('Python', 100))

输出结果为:

```
{'C':90, 'Python':89, 'Java':90}
94
None
89
```

## 5.1.7 使用字典格式化字符串

在格式化字符串时,如果要格式化的字符串模板中包含多个变量,模板则需要使用元组按顺序给出对应的多个变量,如果变量数量不多这样做问题不大,如果字符串模板中包含变量数量较多,那么可以使用字典对字符串进行格式化输出。Python 允许在字符串模板中按 key 指定变量,然后通过字典为字符串模板中的 key 设置值。示例如下:

```
#字符串模板中使用字典
temp = 'C 语言考试成绩是:%(C)d, Python 考试成绩是:%(Python)d, Java 考试成绩是:%(Java)d'
student1 = {'C':90, 'Python':89, 'Java':90}
print(temp % student1)
student2 = {'C':88, 'Python':75, 'Java':58}
print(temp % student2)
##字符串模板中使用元组
print('C 语言考试成绩是:%d, Python 考试成绩是:%d, Java 考试成绩是:%d' % (86,92,78))
```

输出结果为:

```
C 语言考试成绩是:90, Python 考试成绩是:89, Java 考试成绩是:90
C 语言考试成绩是:88, Python 考试成绩是:75, Java 考试成绩是:58
C 语言考试成绩是:86, Python 考试成绩是:92, Java 考试成绩是:78
```

## 5.2 Python 集合

与数学中的集合概念一样,Python 中的集合用来保存不重复的元素,即集合中的元素都是唯一的。

集合和字典的形式类似,都是将所有元素放在一对大括号 {} 中,相邻元素之间用","分隔,格式如下:

```
{元素 1, 元素 2,..., 元素 n}
```

注意:同一集合中只能存储不可变的数据类型,包括整型、浮点型、字符串、元组,无法存储列表、字典、集合这些可变的复杂数据类型,否则 Python 解释器会抛出 TypeError 错误。集合中数据元素必须保证唯一,如果有多个相同数据元素,只保留一个。集合示例如下:

```
set1={1,2,3,4,5,6,7,8,9,9,9,9}
#如果有多个相同数据元素,只保留一个
print(set1)
```

输出结果为:

```
{1, 2, 3, 4, 5, 6, 7, 8, 9}
```

## 5.2.1　创建集合

在 Python 中，创建集合的方法可分为两种：

**1.使用 {} 创建集合**

使用"="将它赋值给某个变量，具体格式如下：

集合名 ＝{元素 1，元素 2，元素 3，...，元素 n}

列表定义的示例如下：

nums ＝{1, 2, 3, 4, 5, 6, 7}
names ＝{"张三","李四","王五"}
programlanguages ＝{"C","C++", "Python", "Java"}
♯空集合
emptyset ＝{ }

**2.使用 set() 函数创建集合**

Python 提供了一个内置的函数 set()，可以将字符串、列表、元组、range 对象等可迭代对象转换成集合类型。示例如下：

set1 ＝ set("https://www.baidu.com/")
set2 ＝ set([1,2,3,4,5])
set3 ＝ set((1,2,3,4,5))
set4 ＝ set(range(1,9))
print("set1：",set1)
print("set2：",set2)
print("set3：",set3)
print("set4：",set4)

输出结果为：

set1:{'p', 'h', 'i', 's', 'b', '/', 'm', ':', 'w', 'a', 'u', 'd', 'c', 'o', 't', '.'}
set2:{1, 2, 3, 4, 5}
set3:{1, 2, 3, 4, 5}
set4:{1, 2, 3, 4, 5, 6, 7, 8}

## 5.2.2　访问集合元素

由于集合中的元素是无序的，因此无法像列表那样使用下标访问元素。Python 中，访问集合元素常用的方法是使用循环结构，将集合中的数据逐一读取出来。示例代码如下：

set1 ＝ set("https://www.baidu.com/")
print(set1)
for char in set1：
　　print(char,end=' ')
♯无法根据索引下标访问，会报错
print(set1[1])

输出结果为：

{'p', 'h', 'i', 's', 'b', '/', 'm', ':', 'w', 'a', 'u', 'd', 'c', 'o', 't', '.'}
p h i s b / m : w a u d c o t . Traceback (most recent call last)：
　　File "<input>", line 6, in <module>
TypeError:'set' object is not subscriptable

### 5.2.3　删除集合

对于已经创建的集合,可以使用 del 关键字将其删除,也可以使用 del()方法删除。与前面介绍的列表、元组、字典一样,Python 自带的垃圾回收机制会自动销毁无用的集合。示例代码如下:

```
set1 = set([1,2,3,4,5])
set2 = set((1,2,3,4,5))
print(set1)
print(set2)
# 删除集合
del set1
del(set2)
print(set1)
print(set2)
```

输出结果为:

```
{1, 2, 3, 4, 5}
{1, 2, 3, 4, 5}
Traceback (most recent call last):
    File "<input>", line 8, in <module>
NameError:name 'set1' is not defined
```

### 5.2.4　集合元素基本操作

集合元素基本操作包括:向集合中添加、删除元素,以及集合之间做交集、并集、差集等运算。

**1.add() 方法**

add() 方法用于向 set 集合中添加元素,语法格式如下:

```
集合.add(element)
```

说明:element 表示要添加的元素内容。使用 add() 方法添加的元素,只能是数字、字符串、元组或者布尔型(True 和 False),不能添加列表、字典、集合这类可变的数据,否则 Python 解释器会报 TypeError 错误。示例代码如下:

```
set1 = set([1,2,3,4,5])
set2 = set((1,2,3,4,5))
set1.add(6)
set1.add((7,8))
print(set1)
# 添加列表会报错
set2.add([6,7,8])
```

输出结果为:

```
{1, 2, 3, 4, 5, 6, (7, 8)}
Traceback (most recent call last):
    File "<input>", line 7, in <module>
TypeError:unhashable type:'list'
```

### 2.remove( ) 方法

remove( ) 方法可以删除现有 set 集合中的指定元素,语法格式如下:

集合. remove (obj)

说明:obj 表示要删除的元素,如果被删除元素不包含在集合中,会抛出 KeyError 错误;如果不想在删除失败时令解释器提示 KeyError 错误,还可以使用 discard( )方法;如果想删除集合中的全部元素,可以使用 clear( )方法。示例代码如下:

```python
set1 = set([1,2,3,4,5])
set2 = set((1,2,3,4,5))
set1.remove(3)
print(set1)
set1.clear()
print(set1)
#删除不存在的元素不会报错
set2.discard(6)
print(set2)
#删除不存在的元素会报错
set2.remove(6)
```

输出结果为:

```
{1, 2, 4, 5}
set()
{1, 2, 3, 4, 5}
Traceback (most recent call last):
    File "<input>", line 9, in <module>
KeyError:6
```

### 3.集合的交集、并集、差集运算

Python 中常用集合来执行标准的数学运算,例如:并集、交集、差集以及对称差。Python 中,"&"运算表示取两个集合公共的元素,即交集;"|"运算表示取两个集合全部的元素,即并集;"—"运算表示取一个集合中有,而另一集合没有的元素,即差集;"^"运算表示取集合 A 和 集合 B 中不属于 A&B 的元素,即对称差集,假设存在如图 5-2 所示的两个集合,则集合运算的示例代码如下:

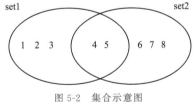

图 5-2 集合示意图

```python
set1 = {1,2,3,4,5}
set2 = {4,5,6,7,8}
#交集 intersection
print(set1 & set2)
#并集 union
```

```
print(set1 | set2)
# 差集 differdnce
print(set1—set2)
print(set2—set1)
# 对称差集 symmetric_difference
print(set1 ^ set2)
```

输出结果为：

```
{4，5}
{1，2，3，4，5，6，7，8}
{1，2，3}
{8，6，7}
{1，2，3，6，7，8}
```

### 5.2.5 常用集合操作方法

**1.copy()方法**

copy()方法可以将一个集合中的元素复制给另外一个集合。示例如下：

```
set1 = {1,2,3,4,5}
set2 = set1.copy()
set1.add(6)
print(set1)
print(set2)
```

输出结果为：

```
{1，2，3，4，5，6}
{1，2，3，4，5}
```

**2.union()方法**

union()方法返回一个集合,可以将两个集合的所有元素提取出来构建新的集合,即返回集合的并集。update()方法可以将两个集合的元素全部提取更新到调用的集合中,但是不返回集合。示例如下：

```
set1 = {1,2,3,4,5}
set2 = {4,5,6}
set3 = set1.union(set2)
print(set3)
set1.update(set2)
print(set1)
```

输出结果为：

```
{1，2，3，4，5，6}
{1，2，3，4，5，6}
```

**3.difference() 方法**

difference() 方法返回一个集合,可以将一个集合有而另一个集合没有的元素提取出来构建新的集合,即返回集合的差集。difference_update()方法可以从一个集合中删除它与其他集合交集的元素,但是不返回集合。示例如下：

```
set1 = {1,2,3,4,5}
set2 = {4,5,6}
set3 = set1.difference(set2)
```

```
print(set3)
set1.difference_update(set2)
print(set1)
```

输出结果为：

```
{1, 2, 3}
{1, 2, 3}
```

### 4.intersection()方法

intersection()方法返回一个集合,可以将两个集合共有的元素提取出来构建新的集合,即返回集合的交集。intersection_update()方法将两个集合共有的元素提取出来,更新调用该方法的集合。示例如下：

```
set1 = {1,2,3,4,5}
set2 = {4,5,6}
set3 = set1.intersection(set2)
print(set3)
set1.intersection_update(set2)
print(set1)
```

输出结果为：

```
{4, 5}
{4, 5}
```

### 5.symmetric_difference()方法

symmetric_difference()方法返回一个集合,取出两个集合中不相同的元素,返回集合为对称差集。symmetric_difference_update()方法将两个集合不相同的元素提取出来,更新调用该方法的集合。示例如下：

```
set1 = {1,2,3,4,5}
set2 = {4,5,6}
set3 = set1.symmetric_difference(set2)
print(set3)
set1.symmetric_difference_update(set2)
print(set1)
```

输出结果为：

```
{1, 2, 3, 6}
{1, 2, 3, 6}
```

### 6.isdisjoint()方法

isdisjoint()方法判断两个集合是否没有交集,有交集返回 False,无交集返回 True。issubset()方法可以判断调用的集合是否为另外一个集合的子集合。issuperset()方法可以判断调用的集合是否包含另外一个集合。示例如下：

```
set1 = {'a','b','c','d','e'}
set2 = {'b','c','d'}
# 判断是否有交集
print(set1.isdisjoint(set2))
# 判断本集合是否为另外一个集合的子集
print(set1.issubset(set2))
# 判断本集合是否包含另外一个集合
print(set1.issuperset(set2))
```

输出结果为：

False

False

True

## 5.2.6　frozenset 集合

由于 set 集合是可变序列，可以改变序列中的元素，因此 Python 提供了一种叫作 frozenset 的集合，它属于不可变序列，不能改变序列中的元素。set 集合中所有能改变集合本身的方法，比如 remove()、discard()、add() 等，frozenset 都不支持，但是 set 集合中不改变集合本身的方法，frozenset 都可以支持。当集合的元素不需要改变时，推荐使用 frozenset 替代 set 集合，这样数据更加安全；如果项目要存储的不重复数据要求必须是不可变对象，也可以使用 frozenset 替代 set，比如字典(dict)的键(key)就要求是不可变对象。示例如下：

```
s = {'Python', 'C', 'Java','PHP'}
fs = frozenset(['Java', 'Python'])
sub = {'PHP', 'C++'}
♯向 set 集合中添加 frozenset
s.add(fs)
print('s =', s)
♯为 set 集合添加子 set 集合会报错
s.add(sub)
print('s =', s)
```

输出结果为：

```
s = {'C', 'Java', 'Python', frozenset({'Java', 'Python'}), 'PHP'}
Traceback (most recent call last):
    File "<input>", line 8, in <module>
TypeError:unhashable type:'set'
```

## 5.3　实践任务

### 5.3.1　实验案例 1：创建班级学生账号信息

问题：生成 50 个学生的账号信息，要求格式为"2021156XX"，"XX"为连续数字 1~50，所有学生账号的初始密码均为"123456"。

**1.实验案例目标**

了解字典类型的特点；掌握字典类型的基本操作。

**2.实验案例分析**

提示：利用列表存储账号，使用 fromkeys 生成账号与密码的对应关系，存储在字典中。

**3.编码实现**

```
import pprint  #美化输出
stu_ids = []
for count in range(50)：
    id="%.2d"%(count+1)
    stu_id='2021156'+str(id)
    stu_ids.append(stu_id)
account=dict.fromkeys(stu_ids,'123456')
pprint.pprint(account)  #美化输出
```

**4.运行测试**

运行代码,控制台输出结果如下:

```
{'202115601':'123456',
 '202115602':'123456',
 '202115603':'123456',
 ...
 '202115649':'123456',
 '202115650':'123456'}
```

## 5.3.2 实验案例 2:统计学生成绩

问题:从键盘输入 10 个学生的考试分数,并按成绩统计人数,按照分数段统计人数生成字典并输出(90~100 分为 A,80~89 分为 B,70~79 分为 C,60~69 分为 D,60 分以下为 E),同时输出总分及课程平均分(保留 2 位小数)。

**1.实验案例目标**

了解字典类型的特点;掌握字典类型的基本操作;了解列表类型的特点;掌握列表类型的操作。

**2.实验案例分析**

使用列表接收用户输入的成绩,使用字典定义各个分数段对应的人数,然后做多重选择判断,落在区间内的就根据字典的等级 key 查询出 value,做加 1 处理,判断完成后将累加的总分和平均分计算并输出。

**3.编码实现**

```
arr_input = []
n = 0
print("请输入 10 个学生成绩:")
while n < 10：
    numa = int(input())
    arr_input.append(numa)
    n += 1
result = {'A':0, 'B':0, 'C':0, 'D':0, 'E':0}
count = 0
total_score = 0
for x in arr_input：
```

```
        count += 1
        total_score += x
        if x > 100:
        continue
        if x >= 90:
        result['A'] += 1
        elif x >= 80:
        result['B'] += 1
        elif x >= 70:
        result['C'] += 1
        elif x >= 60:
        result['D'] += 1
        else:
        result['E'] += 1
print(result)
print('总分为:%0.2f,平均分为:%0.2f' % (total_score, total_score/count))
```

**4.运行测试**

运行代码,控制台输出结果如下:

```
请输入 10 个学生成绩:
88
90
100
58
77
78
79
52
84
85
{'A':2, 'B':3, 'C':3, 'D':0, 'E':2}
总分为:791.00,平均分为:79.10
```

### 5.3.3　实验案例3:整理随机数

问题:生成 N 个 1 到 1000 之间的随机整数(N<=1000),N 可以自己定义。产生的数字如果存在重复的数字,则只保留一个,将数字从大到小排序并输出。

**1.实验案例目标**

了解字典类型的特点;掌握字典类型的基本操作;了解集合类型的特点;掌握集合类型的操作。

**2.实验案例分析**

利用集合元素不允许重复的特性来进行去重、排序。

**3.编码实现**

```
import random
nums = set()
print("请输入生产随机数的个数:")
N = int(input('N:'))
for count in range(N):
    num = random.randint(1, 1000)
    nums.add(num)
print(sorted(nums, reverse=True))
```

**4.运行测试**

运行代码,控制台输出结果如下(运行结果带有随机性,不一定相同):

请输入生产随机数的个数::10
————————————————
[994, 744, 702, 665, 553, 484, 286, 125, 87, 37]

## 5.4 本章小结

本章主要介绍了一些 Python 的字典与集合的知识,重点介绍了 Python 字典、集合的定义与使用等内容。通过本章的学习,希望读者能够掌握使用字典与集合操作数据的方法,提高使用 Python 进行数据应用的编程能力。

## 5.5 习 题

一、填空题

1.字典元素由_____和_____组成。

2.通过_____函数可以查看字典键的集合。

3.调用 items()方法可以查看字典中的所有_____。

4._____方法用于向 set 集合中添加元素

二、简答题

1.简述什么是深拷贝、浅拷贝。

2.如何实现集合的交集、并集、差集运算?

三、编程题

已知列表 list1=[2,2,1,2,3,2,6,3,5,7,9,7,8],编写程序实现删除列表 list1 中重复数据的功能。

# 第 6 章

## Python 函数

函数的定义
与使用　　思政元素

## 6.1　Python 函数基础

　　Python 中函数的应用非常广泛,前面章节中介绍过多个函数的使用,比如 input()、print()、range()、len() 函数等,这些都是 Python 的内置函数,可以直接使用。除了可以直接使用的内置函数外,Python 还支持自定义函数,允许将可重复使用的代码定义成函数,从而达到一次编写、反复调用的目的,这样可以使得程序更加模块化,不需要编写大量重复的代码。

### 6.1.1　函数的定义

　　定义函数,也就是创建一个函数,可以理解为创建一个具有某些用途的代码片段。函数可以提前保存起来,并给它起一个供用户调用的名字,传入数据(也可以不传入)后,函数根据数据的不同做出不同的操作,最后再把处理结果反馈给用户。定义函数需要用 def 关键字实现,具体的语法格式如下:

```
def 函数名(参数列表):
    #实现特定功能的多行代码
    [return [返回值]]
```

说明:函数名是一个符合 Python 语法的标识符,函数名建议能够体现出该函数的功能,要求"见名知意"。参数列表,设置该函数可以接收的参数,多个参数之间用逗号分隔,参数可以 0 个或者多个,注意的是哪怕是 0 个参数也要用括号()放在函数名后,否则 Python 解释器将提示"invaild syntax"错误。[return [返回值]]是可选参数,用于设置该函数的返回值,当然也可以没有返回值,是否需要根据实际情况而定;如果函数没有实现任何功能,应使用 pass 语句作为占位符。

定义函数的示例如下:

```
#不带返回值的函数
def hello():
    print("Hello World!")
#带参数与返回值的函数
def max(a, b):
    if a > b:
        return a
    else:
        return b
#空实现函数
def temp():
    pass
```

## 6.1.2 函数的调用

函数调用也就是执行函数。函数调用的基本语法格式如下:

```
#有返回值
[返回值] = 函数名([形参值])
#无返回值
函数名([形参值])
```

说明:函数名是指定义函数时使用的名称。形参值是指当初创建函数时要求传入的各个形参的值,定义函数时设置有多少个形参,那么调用时就需要传入多少个值,且顺序必须和创建函数时一致。即便该函数没有参数,调用函数时函数名后的小括号也不能省略。如果该函数有返回值,可以通过一个变量来接收该值,当然也可以不接受。下面是上一小节定义的三个函数的调用示例:

```
>>>hello()
Hello World!
>>>max(10,20)
20
>>>temp()
```

## 6.2　函数参数的传递

### 6.2.1　形参与实参

函数参数的作用是传递数据给函数,函数可以对接收的数据做具体的操作处理。定义函数时如果选择有参数的函数形式,在使用函数时,就会经常用到形式参数(简称"形参")和实际参数(简称"实参"),二者都叫参数,它们的具体定义如下:

**1.形式参数**

在定义函数时,函数名后面括号中的参数就是形式参数,例如:

```python
#定义函数时,这里的函数参数 obj 就是形式参数
def myfun(obj):
    print(obj)
```

**2.实际参数**

在调用函数时,函数名后面括号中的参数称为实际参数,也就是函数的调用者给函数的参数。例如:

```python
def sum(a, b):
    return a + b
a = 10
b = 20
#调用已经定义好的 sum 函数,此时传入的函数参数 a 和 b 就是实际参数
print(sum(a,b))
```

### 6.2.2　值传递与引用传递

Python 中,根据实际参数的类型不同,函数参数的传递方式可分为两种:①值传递适用于实参类型为不可变类型(字符串、数字、元组);②引用(地址)传递适用于实参类型为可变类型(列表,字典);

它们的区别是,函数参数进行值传递,如果形参的值发生改变,则不会影响实参的值;函数参数进行引用传递,如果改变形参的值,则实参的值也会一同改变。示例如下:

```python
#定义一个函数,分别为传入一个字符串类型的变量(代表值传递)和列表类型的变量(代表引用传递)
def myfun(obj):
    obj += obj
    print("形参值为:",obj)
print("-------值传递-----")
arr1 = "Python 编程入门实战教程"
print("arr1 的值为:",arr1)
myfun(arr1)
print("实参值为:",arr1)
print("-----引用传递-----")
```

```
arr2 = [1,2,3]
print("arr2 的值为：",arr2)
myfun(arr2)
print("实参值为：",arr2)
```
输出结果为：

形参值为：Python 编程入门实战教程 Python 编程入门实战教程

实参值为：Python 编程入门实战教程

----引用传递----

arr2 的值为：[1, 2, 3]

形参值为：[1, 2, 3, 1, 2, 3]

实参值为：[1, 2, 3, 1, 2, 3]

## 6.2.3　位置参数的传递

　　函数在被调用时会将实参按照相应的位置依次传递给形参，调用函数时传入实参的数量和位置都必须和定义函数时保持一致，否则 Python 解释器会抛出 TypeError 异常，并提示缺少必要的位置参数。

　　例如：设计一个求梯形面积的函数，并利用此函数求上底为 8 cm，下底为 6 cm，高为 5 cm 的梯形的面积。函数定义如下：

```
def area(upper,lower,height):
    return (upper+lower) * height/2
＃按照题意传参
print("正确结果为：",area(8,6,5))
＃如果顺序不正确，虽然调试能通过，但是答案会和预期不符
print("错误结果为：",area(8,5,6))
＃参数数目不正确，会报错
print("错误结果为：",area(8,6))
```
输出结果为：

正确结果为：35.0

错误结果为：39.0

Traceback (most recent call last):

　　File "<input>", line 8, in <module>

TypeError：area() missing 1 required positional argument：'height'

## 6.2.4　关键字参数的传递

　　调用函数时如果所用的参数是位置参数，传入函数的实参必须与形参的数量和位置对应。需要牢记参数位置是比较麻烦的（尤其是函数形参比较多的情况下），为了让函数的调用和参数传递更加灵活、方便，Python 提供了关键字参数来进行函数参数传递。关键字参数的传递是通过"形参＝实参"的格式将实参与形参相关联，将实参按照相应的关键字传递给形参，上一小节的例子，如果使用关键字参数传递的话，示例如下：

```
def area(upper,lower,height):
    return (upper+lower) * height/2
＃按照题意传参
print("正确结果为:",area(8,6,5))
＃如果顺序不正确,但是使用了关键字参数传参,结果符合预期
print("正确结果为:",area(upper=8,height=5,lower=6))
```

输出结果为:

```
正确结果为:35.0
正确结果为:35.0
```

Python 在 3.8 版本中新增了仅限位置形参的语法,使用符号"/"来限定部分形参只接收采用位置传递方式的实参,符号"/"前的形参只以位置参数的方式进行传递,示例如下:

```
def area(upper,lower,/,height):
    return (upper+lower) * height/2
＃正确的传参
print("正确结果为:",area(8,6,5))
print("正确结果为:",area(8,6,height=5))
＃下列传参是错误的
＃print("正确结果为:",area(upper=8,6,height=5))
＃print("正确结果为:",area(upper=8,lower=6,height=5))
＃print("正确结果为:",area(8,lower=6,height=5))
```

## 6.2.5　设置参数默认值

函数在定义时可以指定形参的默认值,如此在被调用时可以选择是否给带有默认值的形参传值,若没有给带有默认值的形参传值,则直接使用该形参的默认值。Python 定义带有默认值参数的函数,其语法格式如下:

```
def 函数名(...,形参名,形参名=默认值):
    代码块
```

具体示例如下:

```
def area(upper=0,lower=0,height=0):
    return (upper+lower) * height/2
＃按照题意传参
print("正确结果为:",area(8,6,5))
＃如果不传入参数,则使用默认值来进行运算
print("正确结果为:",area())
```

输出结果为:

```
正确结果为:35.0
正确结果为:0.0
```

## 6.2.6　不确定参数传递

如果函数在定义时无法确定需要接收多少个数据,那么可以在定义函数时为形参添加"＊"或"＊＊",把接收到的数据打包为元组或者字典传入函数体内。形参前添加"＊",表示

接收以元组形式打包的多个值；形参前添加"＊＊"，表示接收以字典形式打包的多个值。虽然函数中添加"＊"或"＊＊"的形参可以是符合命名规范的任意名称，但一般建议使用 ＊args 和 ＊＊kwargs。若函数没有接收到任何数据，参数 ＊args 和 ＊＊kwargs 为空，即它们为空元组或空字典。示例如下：

```
def fun(＊args, ＊＊kwargs):
    print('args=', args)
    print('kwargs=', kwargs)
    print('＊' ＊ 20)
＃只传参数＊args=(1,2,3)
fun(1, 2, 3)
＃只传参数＊＊kwargs=dict(a=1,b=2,c=3)
fun(a=1, b=2, c=3)
＃传入参数＊args=(1,2,3)
＃传入参数＊＊kwargs=dict(a=1,b=2,c=3)
fun(1, 2, 3, a=1, b=2, c=3)
＃传入参数＊args=(1,'b','c')
＃传入参数＊＊kwargs=dict(a=1,b='b',c='c')
fun(1,'b','c',a=1,b='b',c='c')
```

输出结果为：

```
args= (1, 2, 3)
kwargs= {}
＊＊＊＊＊＊＊＊＊＊＊＊＊＊＊＊＊＊＊＊
args= ()
kwargs= {'a':1, 'b':2, 'c':3}
＊＊＊＊＊＊＊＊＊＊＊＊＊＊＊＊＊＊＊＊
args= (1, 2, 3)
kwargs= {'a':1, 'b':2, 'c':3}
＊＊＊＊＊＊＊＊＊＊＊＊＊＊＊＊＊＊＊＊
args= (1, 'b', 'c')
kwargs= {'a':1, 'b':'b', 'c':'c'}
＊＊＊＊＊＊＊＊＊＊＊＊＊＊＊＊＊＊＊＊
```

"＊"和"＊＊"还有另外一个作用，如果实参是元组、列表、集合，可以使用"＊"拆分成多个值，按位置参数传给形参；如果实参是字典，可以使用"＊＊"拆分成多个键值对，按关键字参数传给形参。示例如下：

```
def fun(a,b,c,d):
    print(a,b,c,d)
    print('＊' ＊ 20)
＃实参为元组(1, 2, 3, 4)
arr_tuple=(1, 2, 3, 4)
fun(＊arr_tuple)
＃实参为列表[5, 6, 7, 8]
```

```
arr_list=[5,6,7,8]
fun( * arr_list)
#实参为集合{5,6,7,8}
arr_set={5,6,7,8}
fun( * arr_set)
#实参为字典{'a':1,'b':2,'c':3,'d':4}
arr_dict={'a':1,'b':2,'c':3,'d':4}
fun( * * arr_dict)
```

输出结果为：

```
1 2 3 4
* * * * * * * * * * * * * * * * * * * *
5 6 7 8
* * * * * * * * * * * * * * * * * * * *
8 5 6 7
* * * * * * * * * * * * * * * * * * * *
1 2 3 4
* * * * * * * * * * * * * * * * * * * *
```

## 6.2.7 混合方式参数传递

前面几个小节参数传递的方式可以混合使用，但是在定义函数与调用函数时需要遵循一定的规则。

定义函数时形参需要遵循如下规则：带有默认值的参数必须位于普通参数之后；带有"*"标识的参数必须位于带有默认值的参数之后；带有"**"标识的参数必须位于带有"*"标识的参数之后。示例如下：

```
#合法的混合传参的定义
def fun1(a,b,c=11,d=22, * args, * * kwargs):
    print(a,b,c,d,args,kwargs)
    print('*' * 20)
#不合法的混合传参的定义
def fun2(a=00,b,c=11,d=22, * args, * * kwargs):
    print(a,b,c,d,args,kwargs)
    print('*' * 20)
def fun2(a,b,c=11,d=22, * * kwargs, * args):
    print(a,b,c,d,args,kwargs)
    print('*' * 20)
```

混合方式传参调用函数时，实参把数据传递给形参，要遵循的优先级排序规则如下：首先按位置参数传递的方式；其次按关键字参数传递的方式；再次按默认值参数传递的方式；最后按打包不确定参数传递的方式。示例如下：

```
#合法的混合传参的定义
def fun1(a,b,c=11,d=22, * args, * * kwargs):
    print(a,b,c,d,args,kwargs)
    print('*' * 20)
```

```
#按照不同优先级调用
fun1(88, 99)
fun1(88, 99, 100)
fun1(88, 99, 100,120)
fun1(1, 2, (3, 4), e=5,f=6)
fun1(1, 2, 4, 5, 7, 8, e=5,f=6)
```

输出结果为：

```
88 99 11 22 () {}
* * * * * * * * * * * * * * * * * * *
88 99 100 22 () {}
* * * * * * * * * * * * * * * * * * *
88 99 100 120 () {}
* * * * * * * * * * * * * * * * * * *
1 2 (3, 4) 22 () {'e':5, 'f':6}
* * * * * * * * * * * * * * * * * * *
1 2 4 5 (7, 8) {'e':5, 'f':6}
* * * * * * * * * * * * * * * * * * *
```

## 6.3　函数的返回值

　　Python 中，允许在函数调用结束时将数据返回给程序，同时让程序回到函数被调用的位置继续执行。

### 6.3.1　return 语句

　　函数定义时可以使用 return 语句指定应该返回的值，该返回值可以是任意类型。return 语句在同一函数中可以出现多次，只要有一个得到执行，就会结束函数的执行将数据返回。函数中，使用 return 语句的语法格式如下：

return [返回值]

　　返回值参数可以指定，也可以省略不写（将返回空值 None）。另外，对于所有没有 return 语句的函数定义，Python 都会在末尾加上 return None，使用不带值的 return 语句（也就是只有 return 关键字本身），返回 None。通过 return 语句指定返回值后，用户在调用函数时，既可以将该函数赋值给一个变量，用变量保存函数的返回值，也可以将函数作为某个函数的实际参数。示例如下：

```
#定义函数比较两个数大小
def max(num1,num2):
    if num1 > num2:
        return num1
    else:
        return num2
```

```
#函数返回值赋值给变量
result = max(88,99)
print(result)
#函数返回值作为其他函数的实际参数
print('88 和 99 中',max(88,99),'比较大')
```

输出结果为：

```
99
88 和 99 中 99 比较大
```

## 6.3.2 函数返回多个值

在 Python 中，从一个函数中返回多个值可以通过如下方法。

可以定义一个类，并预先封装属性值，函数返回这个类的对象来实现多值返回。示例如下：

```
class Student：
    def _init_(self)：
        self.stu_name = '张三'
        self.stu_age = 21
        self.major = '数据科学与大数据技术'
#定义函数返回对象
def fun()：
    return Student()
stu=fun()
print("姓名：",stu.stu_name)
print("年龄：",stu.stu_age)
print("专业：",stu.major)
```

输出结果为：

```
姓名:张三
年龄:21
专业:数据科学与大数据技术
```

可以通过返回列表、元组、字典等序列类型的数据来实现多值返回。示例如下：

```
#定义函数返回列表
def fun1()：
    stu_name = '张三'
    stu_age = 21
    major = '数据科学与大数据技术'
    return [stu_name,stu_age,major]
stu1=fun1()
print("姓名：",stu1[0])
print("年龄：",stu1[1])
print("专业：",stu1[2])
print(" * " * 20)
#定义函数返回元组
```

```
def fun2():
    stu_name = '李四'
    stu_age = 19
    major = '软件工程'
    # return stu_name,stu_age,major
    return (stu_name,stu_age,major) #加不加()都是返回元组
stu2=fun2()
print("姓名:",stu2[0])
print("年龄:",stu2[1])
print("专业:",stu2[2])
print(" * " * 20)
#定义函数返回字典
def fun3():
    stu=dict()
    stu['stu_name'] = '王五'
    stu['stu_age']= 19
    stu['major'] = '网络工程'
    return stu
stu3=fun3()
print("姓名:",stu3['stu_name'])
print("年龄:",stu3['stu_age'])
print("专业:",stu3['major'])
```

输出结果为:

```
姓名:张三
年龄:21
专业:数据科学与大数据技术
* * * * * * * * * * * * * * * * * * * *
姓名:李四
年龄:19
专业:软件工程
* * * * * * * * * * * * * * * * * * * *
姓名:王五
年龄:19
专业:网络工程
```

## 6.4 变量作用域

变量作用域(Scope)是指变量的有效范围,就是变量在哪个范围内可以使用。有些变量可以在整段代码的任意位置使用;有些变量只能在函数内部使用;有些变量只能在代码块内部使用。

变量的作用域由变量的定义位置决定,在不同位置定义的变量,它的作用域是不一样的。函数中一般涉及两种作用域的变量,分别为局部变量和全局变量。

## 6.4.1　局部变量

在函数内部定义的变量,它的作用域也仅限于函数内部,函数外部不能使用,这样的变量称为局部变量(Local Variable),函数的参数也属于局部变量。

不同函数内部可以包含同名的局部变量,这些局部变量的关系类似于不同目录下同名文件的关系,它们相互独立,互不影响。这是因为当函数被执行时,Python 会为其分配一块临时的存储空间,局部变量会存储在这块空间中,在函数执行完毕后,这块临时存储空间随即会被释放并回收,该空间中存储的局部变量此时无法再进行访问。局部变量的示例如下:

```
def fun1():
    number = 88    #局部变量
    print(number) #函数内部访问局部变量
def fun2():
    number = 99
    print(number) #访问 fun2 函数的局部变量 number
def fun3(number):#函数形参也是属于局部变量
    print(number)
fun1()
fun2()
fun3(100)#不同函数内部同名的局部变量互相独立
print(number)    #函数外部访问局部变量,报错
```

输出结果为:

```
88
99
100
Traceback (most recent call last):
    File "<input>", line 12, in <module>
NameError:name 'number' is not defined
```

## 6.4.2　全局变量

在函数的外部定义变量,这样的变量称为全局变量(Global Variable)。全局变量与局部变量不同,全局变量的默认作用域是整个程序,即全局变量既可以在各个函数的外部使用,也可以在各个函数的内部使用。定义全局变量的方式有两种:

**1.在函数体外定义全局变量**

全局变量在函数内部只能被访问,而无法直接修改,示例如下:

```
number = 88    #全局变量
def fun1():
    print(number) #函数内部访问全局变量
print(number)    #函数外部全局变量
fun1()
```

```
def fun2():
    number += 12；#全局变量在函数内部只能被访问,而无法直接修改
    print(number)
fun2()
```

输出结果为:

```
88
88
Traceback (most recent call last):
    File "<input>", line 9, in <module>
    File "<input>", line 7, in fun2
UnboundLocalError:local variable 'number' referenced before assignment
```

说明:fun2()报错,是因为函数内部的变量会被视为局部变量,而在执行修改代码之前并未声明过局部变量,会导致报错 UnboundLocalError。

**2.在函数体内定义全局变量**

使用 global 关键字对变量进行修饰后,该变量就会变为全局变量。不过要注意,在使用 global 关键字修饰变量名时,不能直接给该变量赋初始值,否则会引发语法错误。示例如下:

```
number = 88   #全局变量
def fun1():
    global number   #使用 global 声明变量 number 为全局变量
    number += 12   #间接修改全局变量
    print(number) #函数内部访问全局变量
fun1()
print(number)
#def fun2():
#   global number=99   #不能直接给 global 修饰的变量赋初始值,报语法错
#   number += 1   #间接修改全局变量
#   print(number) #函数内部访问全局变量
#fun2()
```

输出结果为:

```
100
100
```

## 6.4.3 获取指定作用域范围中的变量

在实际开发中,如果声明的全局变量与局部变量太多,想获取指定作用域范围中的变量会比较麻烦,所以 Python 提供了几个方法来解决不同作用域的变量访问问题。

**1.globals()函数**

globals()函数可以返回一个包含全局范围内所有变量(包括全局的系统变量)的字典,该字典中的每个键值对,键为变量名,值为该变量的值。示例如下:

```
number = 88   #全局变量
def fun1():
    globals()['number'] += 12   #修改全局变量
```

```
        print(number)  #函数内部访问全局变量
fun1()
print(globals()['number'])  #函数外部访问全局变量
```

输出结果为：

```
100
100
```

**2.locals( ) 函数**

locals( ) 函数可以得到一个包含当前作用域内所有变量的字典。这里"当前作用域"指的是在函数内部调用 locals( ) 函数,会获得包含所有局部变量的字典;而在全局范围内调用 locals( ) 函数,其功能和 globals( ) 函数相同。示例如下：

```
number = 88    #全局变量
def fun1():
        #局部变量
        number=99
        print(locals()['number'])  #函数内部访问局部变量
        print(number)    #函数内部访问局部变量
        #在定义有局部变量的情况下,函数内部访问全局变量,会报 TypeError 错误
        #print(globals()()['number'])
fun1()
print(locals()['number'])  #函数外部访问全局变量
#在定义有局部变量的情况下,函数外部访问全局变量,也会报 TypeError 错误
#print(globals()()['number'])
```

输出结果为：

```
99
99
88
```

**3.vars(object) 函数**

vars(object) 函数的功能是返回一个指定 object 对象范围内所有变量组成的字典。如果不传入 object 参数,vars( ) 和 locals( ) 的作用完全相同。关于类与对象的知识点,后面章节会提及。示例如下：

```
stu_name = '未输入'   #全局变量
stu_age = 0
major = '未输入'
class Student：
        stu_name = '张三'
        stu_age = 21
        major = '数据科学与大数据技术'
        def disp(self):
        print("姓名:", vars(Student)['stu_name'])
        print("年龄:", vars(Student)['stu_age'])
        print("专业:", vars(Student)['major'])
obj=Student()
obj.disp()
print("*" * 20)
```

```
print("有 object:")
print("姓名:",vars(Student)['stu_name'])
print("年龄:",vars(Student)['stu_age'])
print("专业:",vars(Student)['major'])
print(" * " * 20)
print("无 object:")
print("姓名:",vars()['stu_name'])
print("年龄:",vars()['stu_age'])
print("专业:",vars()['major'])
```

输出结果为:

```
姓名:张三
年龄:21
专业:数据科学与大数据技术
* * * * * * * * * * * * * * * * * * * *
有 object:
姓名:张三
年龄:21
专业:数据科学与大数据技术
* * * * * * * * * * * * * * * * * * * *
无 object:
姓名:未输入
年龄:0
专业:未输入
```

**4.nonlocal 关键字**

nonlocal 关键字是在 Python 3.2 之后引入的一个关键字,可以用来声明非局部变量。非局部变量可以用于访问最接近的外层的、预先声明好的局部变量,但是非局部变量只对局部函数的作用域起作用,如果离开嵌套的封装函数,那么该变量就无效。为了更好地理解这个关键字,先从嵌套封装函数开始学习,示例如下:

```
def fun1():
    # 局部变量
    number = 99
    # 内嵌函数
    def fun2():
        print(number)   # 这里输出的是局部变量
    fun2()
    print(number)   # 这里输出的是局部变量
fun1()
```

输出结果为:

```
99
99
```

fun2()函数为 fun1()函数的内嵌函数,如果使用 nonlocal 关键字在 fun2()函数内部声明非局部变量 number,可以修改 fun1()中定义的局部变量。示例如下:

```
number = 88    ♯全局变量
def fun1():
    ♯局部变量
    number=99
    ♯内嵌函数
    def fun2():
        nonlocal number♯声明非局部变量
        number += 1 ♯只能影响到最近的外层的变量
        print(number)    ♯这里输出的是局部变量,被改变值
    fun2()
    print(number)    ♯这里输出的是局部变量,被改变值
fun1()
print(number)    ♯这里输出的是全局变量,没被改变值
```

输出结果为:

```
100

100

88
```

nonlocal 关键字要求在封装的函数中使用,而且要求先在外部函数进行声明,再在内部函数进行 nonlocal 声明。下面都是常见的非局部变量使用错误的写法:

(1)外部函数中来声明局部变量

```
number = 88    ♯全局变量
def fun1():
    ♯内嵌函数
    def fun2():
        ♯number=99 外部函数中没有提前声明,报错
        nonlocal number    ♯声明非局部变量
        print(number)
    fun2()
    print(number)
fun1()
```

输出结果为:

```
    File "<input>", line 5
SyntaxError:no binding for nonlocal 'number' found
```

(2)直接在外部函数中声明非局部变量

```
number = 88    ♯全局变量
def fun1():
    nonlocal number ♯直接在外部函数中声明非局部变量,报错
    ♯内嵌函数
    def fun2():
    print(number)
    fun2()
    print(number)
fun1()
```

输出结果为：

```
    File ″<input>″, line 3
SyntaxError:no binding for nonlocal ′number′ found
```

（3）在外部函数中变量声明为 global 全局变量

```
number = 88    ♯全局变量
def fun1():
    global number     ♯在外部函数中变量声明为 global 全局变量,报错
    ♯内嵌函数
    def fun2():
        nonlocal number
        number += 1
        print(number)
    fun2()
    print(number)
fun1()
```

输出结果为：

```
    File ″<input>″, line 6
SyntaxError:no binding for nonlocal ′number′ found
```

## 6.5 ═ 特殊形式的函数

Python 和其他高级编程语言一样,提供了递归函数、闭包函数、匿名函数(lambda 表达式)、partial 偏函数等特殊的函数应用形式,本节将进行一一介绍。

### 6.5.1 递归函数

一个函数在内部调用自己函数本身,称为递归。递归的次数在 Python 是有限制的,例如：

```
def disp(n):
    if(n<=1000):
        print(n)
        disp(n + 1)
    else:
        return
disp(1)    ♯只能打印到 996 左右,然后报错
```

打印到 996,报错 "RecursionError:maximum recursion depth exceeded while calling a Python objectpython"。在计算机中,函数调用是通过栈(stack)这种数据结构实现的,每当进入一个函数调用,栈就会增加一层栈帧,每当函数返回,栈就会减少一层栈帧。由于栈的大小不是无限的,因此递归调用的次数过多,会导致函数堆栈溢出。为了防止这种情况导致程序崩溃,Python 对递归次数做了限制(默认为 1000),查看当前系统递归次数可以用如下代码：

```
import sys
print(sys.getrecursionlimit())
```

输出结果为：

1000

如果需要调整默认递归次数，可以使用如下语句：

```
import sys
sys.setrecursionlimit(1500)  ♯可递归次数修改为1500
def disp(n):
    if(n<=1000):
        print(n)
        disp(n + 1)
    else:
        return
disp(1)    ♯顺利打印到1000,不报错
```

递归函数的实现要满足两个条件：一是要引用自身函数；二是应设置一个结束条件（也称为边界条件、递归基）。递归函数的定义一般遵循下面的格式：

```
def 函数名([参数列表]):
    if 结束条件:
        rerun 结果
    else:
        return 引用自身函数
```

以使用递归函数实现阶乘为例：

```
def factorial(n):
    if n==1:    ♯结束条件(递归基)
        return 1    ♯当 n=1 时,应该停止递归调用
    else:
        return n * factorial(n−1)    ♯引用自身函数,5 * 4 * 3 * 2 * factorial(1)
result = factorial(5) ♯计算 5!
print(result)
```

输出结果为：

120

需要强调的一点是：所有递归都可以用非递归的方式实现，例如，上面的计算阶乘的函数，就可以改为使用 for 循环迭代实现。示例如下：

```
def factorial(n):
    s=1
    for i in range(1,n+1):
        s=s * i; ♯用 s 保存中间结果
    return s
result = factorial(5) ♯计算 5!
print(result)
```

输出结果为：

120

递归具备代码清晰简洁，易于理解，可读性强的优点；同时也有运行效率低（函数调用需要函数参数出、入栈），对内存存储空间的占用比循环迭代多，容易受算法问题规模大小和线程数量的限制，如果栈溢出将导致程序崩溃等缺点。循环迭代的优点在于运行效率高（不需要函数参数出、入栈），对存储空间占用比递归少，不需要系统维护工作栈，便于调试等；但是也存在多重循环可读性差，部分需要回溯处理数据的算法不易实现等缺点。

所以，选择递归还是循环迭代来解决实际问题，要根据算法的实现难易程度、程序代码的可读性、程序的运行效率等几个方面综合考虑，不能一概而论。

## 6.5.2　闭包函数

闭包函数（也称为闭合函数）与嵌套函数类似，不同之处在于：闭包函数中外部函数返回的不是一个具体的值，而是一个函数。一般情况下，返回的函数会赋值给一个变量，这个变量可以在后面被继续执行调用。示例如下：

```
#闭包函数
def fun1(n1):
    def fun2(n2):
        return n2 * * n1
    return fun2       #返回值是 fun2 函数
square = fun1(2)      #计算一个数的平方
cube = fun1(3)        #计算一个数的立方
print(square(3))      #计算 3 的平方
print(cube(3))  #计算 3 的立方
```

输出结果为：

9

27

## 6.5.3　匿名函数（lambda 表达式）

对于一些功能实现比较简单的函数，Python 提供了一种叫作 lambda 表达式的方法来实现快速定义。lambda 表达式常用来定义程序内部仅含很少代码（一般单行即可实现）的表达式的函数，这类函数无须定义标识符，故也称为匿名函数。语法格式如下：

lambda <形式参数列表> :<表达式>

普通函数能被其他程序反复调用，但匿名函数不能被其他程序调用，匿名函数调用完之后立即释放，如果需要反复调用，最好使用一个变量保存它，以便后期可以随时使用这个函数。匿名函数的使用示例如下：

```
#lambda x,y:x * y 定义了一个可以计算两数相乘的匿名函数

add = lambda x,y:x * y
'''
#相当于这三行代码
def add(x, y):
```

```
        return x * y
        print(add(3,4))
'''
print(add(3,4))
```

输出结果为：

12

使用 lambda 表达式省去了定义函数的过程，而且在用完之后立即释放，可以让代码更加简洁的同时还能提高程序执行的性能，对于那些功能简单的单行函数，或者不需要多次复用的函数建议用这种方式进行定义。

### 6.5.4 partial 偏函数

当一个函数的参数个数太多，在调用时如果需要简化传参，可以考虑使用 partial 偏函数创建一个新函数，这个新函数可以固定原函数的部分参数，使得函数在调用时更简单。

举例，先定义一个不确定参数的累加求和函数：

```
def sum( * args):
    result = 0
    for n in args:
        result = result + n
    return result
```

计算 1 到 5 的累加和：

```
>>>print(sum(1,2,3,4,5))
```

15

如果要先计算 1 累加到 5，再计算 6 累计到 10，然后将两个结果求和，可以这样进行：

```
>>>print(sum(1,2,3,4,5)+ sum(6,7,8,9,10))
```

55

sum 函数的两次调用分别进行了两次传参，为了简化传参，可以使用 partial 偏函数创建一个新的函数 sum_OneToFive，示例如下：

```
from   functools import partial
def sum( * args):
    s = 0
    for n in args:
        s = s + n
    return s
sum_OneToFive = partial(sum,1,2,3,4,5) #构建已经包含参数的新函数
# 函数 sum_OneToFive 相当于 sum(1,2,3,4,5, * args)
print(sum_OneToFive(6,7,8,9,10))
```

输出结果为：

55

在上面的例子中，偏函数的功能其实和原函数差不多，只不过在多次调用原函数的时候，有些参数不再需要多次手动的去传参，新建的函数 sum_OneToFive 函数已经把 1~5 这五个实参按顺序传入了 sum 函数中。在实际开发中，如果一个函数的实参传值大部分相

同,只有少数不同,可以使用偏函数先把相同的参数预先填补,生成一个新的函数,这样在调用新函数时就减少了传参的数量,使得调用更简单方便。

　　为了加深理解,以一个使用偏函数快速判断输入数能被 2,3,5 整除与否的例子来进行演示:

```python
from  functools import partial
#原函数,当输入的数 m 能整除 2 时,返回布尔值
def mod(m,key=2):
    return m % key == 0
#partial 函数实现
mod_to_2 = partial(mod,key=2)
mod_to_3 = partial(mod,key=3)
mod_to_5 = partial(mod,key=5)
num=int(input('输入一个整数:'))
if mod_to_2(num) and mod_to_3(num) and mod_to_5(num):
    print("%d 能被 2,3,5 整除"%num)
elif mod_to_2(num) and mod_to_3(num):
    print("%d 能被 2,3 整除"%num)
elif mod_to_3(num) and mod_to_5(num):
    print("%d 能被 3,5 整除"%num)
elif mod_to_2(num) and mod_to_5(num):
    print("%d 能被 2,5 整除"%num)
elif mod_to_2(num):
    print("%d 能被 2 整除"%num)
elif mod_to_3(num):
    print("%d 能被 3 整除"%num)
elif mod_to_5(num):
    print("%d 能被 5 整除"%num)
else:
    print("%d 不能被 2,3,5 整除"% num)
```

输出结果为:

输入一个整数:30

30 能被 2,3,5 整除

输入一个整数:12

12 能被 2,3 整除

输入一个整数:11

11 不能被 2,3,5 整除

## 6.6 实践任务

### 6.6.1 实验案例1:汉诺塔问题

问题:有 A、B、C 三根杆子,初始 A 杆有 N 个圆盘,从上到下按从小到大摆放,移动所有圆盘到 C 杆,且顺序与起始时盘子放置顺序一样(从上到下按从小到大摆放)。要求每次只能移动一个圆盘且大盘不能叠在小盘上面。问一共需要移动多少次? 要求打印全部移动步骤。

**1.实验案例目标**

掌握函数的定义和使用;掌握函数参数的几种传递方式和函数的返回值;理解变量作用域;掌握局部变量和全局变量的用法;掌握特殊形式函数的使用。

**2.实验案例分析**

当 N=1 时,直接将 A 杆上的圆盘移动到 C 杆上。

当 N>1 时,分三步:

(1)将 A 杆排序为 1 到 N−1 的圆盘移动到 B 杆上,且保证移动到 B 杆上的圆盘从上到下越来越大;

(2)将 A 杆排序为 N 的圆盘移动到 C 杆上;

(3)将 B 杆上排序为 1 到 N−1 的圆盘移动到 C 杆上,且保证移动到 C 杆上的圆盘数量从上到下越来越大。

发现步骤(1)和步骤(3)相当于一个新的汉诺塔问题,即将 N−1 个圆盘从一个杆移动到另一个杆上,于是汉诺塔问题就缩小了,可以使用递归函数解决这个问题。

**3.编码实现**

```python
#汉诺塔问题
count = 0
def hannota (n,a,b,c):
    global count
    if n == 1:#递归结束条件
        print("move",a,'-->',c) #递归基(非递归处理)base case of recursion
        count += 1
    else:
        hannota (n−1,a,c,b)
        hannota (1,a,b,c)
        hannota (n−1,b,a,c)
n=int(input('A 杆上的圆盘数量 n:'))
hannota (n,'A','B','C')
print('一共移动%d 次圆盘'%count)
```

**4.运行测试**

运行代码,控制台输出结果如下:

A杆上的圆盘数量 n:>? 3

move A --> C

move A --> B

move C --> B

move A --> C

move B --> A

move B --> C

move A --> C

一共移动 7 次圆盘

## 6.6.2　实验案例 2:兔子数列问题(斐波那契数列问题)

问题:兔子一般在出生两个月之后就有了繁殖能力,每对兔子每月可以繁殖一对小兔子,假如所有的兔子都不会死,试问一年以后一共有多少对兔子?

**1.实验案例目标**

掌握函数的定义和使用;掌握函数参数的几种传递方式和函数的返回值;理解变量作用域;掌握特殊形式函数的使用。

**2.实验案例分析**

具体兔子对数演变流程:第一个月小兔子没有繁殖能力,所以还是一对;两个月后,生下一对小兔数共有两对;三个月以后,老兔子又生下一对,因为小兔子还没有繁殖能力,所以一共是三对。以此类推可以列出以下数列:

经过月数 0 1 2 3 4 5 6 7 8 9 10 11 12

幼仔对数 1 0 1 1 2 3 5 8 13 21 34 55 89

成兔对数 0 1 1 2 3 5 8 13 21 34 55 89 144

总体对数 1 1 2 3 5 8 13 21 34 55 89 144 233

幼仔对数＝上月成兔对数

成兔对数＝上月成兔对数＋上月幼仔对数

总体对数＝本月成兔对数＋上月幼仔对数

可以看出幼仔对数、成兔对数、总体对数都构成了一个数列。这个数列的特点是:前面相邻两项之和,构成了后一项。这个就是著名的斐波那契数列,又称黄金分割数列,指的是这样一个数列:0、1、1、2、3、5、8、13、21……在数学上,斐波那契数列以递归的方法定义:$F0=0, F1=1, Fn=F(n-1)+F(n-2)(n \geq 2, n \in N*)$,这个数列因数学家列昂纳多·斐波那契以兔子繁殖为例子而引入,故又称为"兔子数列"。使用递归函数解决这个问题比较方便。

**3.编码实现**

```
def fibonacci(month):
    if month == 0 or month == 1:
        return 1
    else:
```

```
            return fibonacci(month-1) + fibonacci(month-2)
＃测试经过 12 个月后的兔子对数
result = fibonacci(12)
print(result)
```

**4.运行测试**

运行代码,控制台输出结果如下:

233

### 6.6.3 实验案例 3:点餐小程序

问题:随着移动互联网的发展,大家去餐厅点餐已经不需要服务员以人工记录的方式进行了,而是通过微信小程序进行点餐下单。本实例要求编写代码,利用函数实现具有显示菜单信息、计算点餐总额等功能的程序。

**1.实验案例目标**

掌握函数的定义和使用;掌握函数参数的几种传递方式和函数的返回值;理解变量作用域;掌握局部变量和全局变量的用法;掌握特殊形式函数的使用。

**2.实验案例分析**

菜单信息建议使用字典数据结构进行组织,分别用函数定义信息展示、计算统计、选项显示等功能,用户选择菜品的时候可以使用死循环来让用户进行反复选择,选择完毕后通过输入预设的标识来结束循环,并调用对应的方法完成统计输出。

**3.编码实现**

```
＃预设的主菜信息
def all_entrees():
    entrees = {"酸菜鱼":68,"三杯鸭":98,"市师鸡":128,"清平鸡":78,"均安蒸猪":168,
            "深井烧鹅":108,"拆鱼羹":88,"顺德鱼生":135}
    return entrees
＃展示菜单信息
def show_menu():
    for x, y in all_entrees().items():
        print(x, ":", str(y) + "元")
＃计算点餐总额
def total(entrees_dict):
    count = 0
        ＃点菜总金额
        total_money = all_entrees()[name] * num
        count += total_money
    print("需要支付金额:", count, "元")
def main():
    entrees_dict = {}
    print("点菜小程序")
    show_menu()
    ＃循环显示餐品
    print("输入 q 完成下单")
```

```
    while True：
        entree_name = input("请输入下单的菜品：")
        if entree_name == 'q'：
            break
        if entree_name in [e_name for e_name in  all_entrees().keys()]：
            entrees_num = input("请输入下单数量：")
            if entrees_num.isdigit()：
                entrees_dict[entree_name] = float(entrees_num)
            else：
                print('商品数量不合法')
        else：
            print('请输入正确的商品名称')
    total(entrees_dict)
main()
```

**4.运行测试**

运行代码,控制台输出结果如下:

点菜小程序

酸菜鱼 :68 元

三杯鸭 :98 元

市师鸡 :128 元

清平鸡 :78 元

均安蒸猪 :168 元

深井烧鹅 :108 元

拆鱼羹 :88 元

顺德鱼生 :135 元

输入 q 完成下单

请输入下单的菜品:>? 顺德鱼生

请输入下单数量:>? 3

请输入下单的菜品:>? 深井烧鹅

请输入下单数量:>? 1

请输入下单的菜品:>? q

需要支付金额:513.0 元

## 6.6.4 实验案例 4:学生信息管理

**1. 实验案例目标**

掌握功能菜单、各函数创建等综合用法。

**2.实验案例分析**

该程序分别创建各函数实现学生信息添加、删除、修改和显示,再通过功能菜单选择。

**3.编码实现**

```
#新建一个列表,用来保存学生的所有信息
stu_info = []
#功能打印
```

```python
#打印功能菜单
def print_menu():
    print('=' * 30)
    print('学生管理系统 V10.0')
    print('1.添加学生信息')
    print('2.删除学生信息')
    print('3.修改学生信息')
    print('4.查询所有学生信息')
    print('0.退出系统')
    print('=' * 30)


#添加学生信息
def add_stu_info():
    #提示并获取学生的姓名
    new_name = input('请输入新学生的姓名:')
    #提示并获取学生的性别
    new_sex = input('请输入新学生的性别:')
    #提示并获取学生的手机号
    new_phone = input('请输入新学生的手机号码:')
    new_info = dict()
    new_info['name'] = new_name
    new_info['sex'] = new_sex
    new_info['phone'] = new_phone
    stu_info.append(new_info)


#删除学生信息
def del_stu_info(student):
    del_num = int(input('请输入要删除的序号:')) - 1
    del student[del_num]
    print("删除成功!")


#修改学生信息
def modify_stu_info():
    if len(stu_info) != 0:
        stu_id = int(input('请输入要修改学生的序号:'))
        new_name = input('请输入要修改学生的姓名:')
        new_sex = input('请输入要修改学生的性别:(男/女)')
        new_phone = input('请输入要修改学生的手机号码:')
        stu_info[stu_id - 1]['name'] = new_name
        stu_info[stu_id - 1]['sex'] = new_sex
        stu_info[stu_id - 1]['phone'] = new_phone
    else:
        print('学生信息表为空')
```

```python
#显示所有的学生信息
def show_stu_info():
    print('学生的信息如下:')
    print('=' * 30)
    print('序号  姓名  性别  手机号码')
    i = 1
    for tempInfo in stu_info:
        print("%d  %s  %s  %s" % (i, tempInfo['name'],
                tempInfo['sex'], tempInfo['phone']))
        i += 1


#在 main 函数中执行不同的功能
def main():
    while True:
        print_menu()   #打印功能菜单
        key = input("请输入功能对应的数字:")   #获取用户输入的序号
        if key == '1':   #添加学生信息
            add_stu_info()
        elif key == '2':   #删除学生信息
            del_stu_info(stu_info)
        elif key == '3':   #修改学生信息
            modify_stu_info()
        elif key == '4':   #查询所有学生信息
            show_stu_info()
        elif key == '0':
            quit_confirm = input('亲,真的要退出吗?(Yes or No):').lower()
            if quit_confirm == 'yes':
                print("谢谢使用!")
                break   #跳出循环
            elif quit_confirm == 'no':
                continue
            else:
                print('输入有误!')


if _name_ == '_main_':
    main()
```

**4.运行测试**

运行代码,控制台输出结果如下:

```
==============================
学生管理系统 V10.0
1.添加学生信息
2.删除学生信息
3.修改学生信息
```

4.查询所有学生信息

0.退出系统

==============================

请输入功能对应的数字:1

请输入新学生的姓名:李星

请输入新学生的性别:男

请输入新学生的手机号码:15863639585

==============================

学生管理系统 V10.0

1.添加学生信息

2.删除学生信息

3.修改学生信息

4.查询所有学生信息

0.退出系统

==============================

请输入功能对应的数字:4

学生的信息如下:

==============================

序号　姓名　性别　手机号码

1　李星　男　15863639585

==============================

学生管理系统 V10.0

1.添加学生信息

2.删除学生信息

3.修改学生信息

4.查询所有学生信息

0.退出系统

==============================

请输入功能对应的数字:0

亲,真的要退出吗?（Yes or No）:yes

谢谢使用!

## 6.7  本章小结

　　本章主要讲解了函数的相关知识,包括函数概述、函数的定义和调用、函数参数的传递、函数的返回值、变量作用域、特殊形式的函数,此外本章结合实验案例演示了函数的用法。通过本章的学习,希望读者能深刻地体会到函数的便捷之处,熟练地在实际开发中应用函数。

**6.8　习　题**

**一、填空题**

1.函数使用_____关键字定义。

2.匿名函数使用_____表达式定义。

3.若函数内部调用了自身,则这个函数被称为_____。

**二、简答题**

1.Python 中,根据实际参数的类型不同,函数参数传递方式分为哪两种类型?

2.简述什么是全局变量、局部变量。

3.请阅读下面的代码:

```
num_one = 12
def sum(num_two):
    global num_one
    num_one = 90
    return num_one + num_two
print(sum(10))
```

运行代码,输出结果是什么?

**三、编程题**

1.编写函数,输出 1～100 中奇数之和。

2.编写函数,判断用户输入的三个数字是否能构成三角形的三条边。

# 第 7 章

## Python 文件操作

程序运行时,数据保存在内存的变量里,而内存中的数据在程序结束或者关机后就会消失。若想在下次开机运行程序时还使用同样的数据,就需要把数据存储在不易丢失的存储介质中,如硬盘、U 盘里。存储介质中的数据保存在以存储路径命名的文件中。通过读/写文件,程序就可以在运行时读取保存的数据。

### 7.1 文件基础

简单地说,文件是由字节组成的信息,在逻辑上具有完整意义,通常在磁盘上永久保存。Windows 操作系统的数据文件按照编码方式分为两大类:文本文件和二进制文件。文本文件一般由单一特定编码的字符组成,如 UTF-8、GBK 编码等;二进制文件则由 0 和 1 组成,没有统一的字符编码。

文件操作是程序设计中比较常见的 I/O 操作,因为 Python 语言提供了非常多的函数或对象方法以进行文件处理。在 Python 程序中,对磁盘文件的操作功能本质上都是由操作系统提供的,现代操作系统不允许普通用户程序直接操作磁盘,因此读/写文件本质上是请求操作系统打开文件对象,然后通过操作系统提供的接口实现文件数据的读取,或者把数据写入文件。

在 Python 中对文件的操作通常按照以下步骤进行:

(1)使用 open()函数打开(或建立)文件,返回一个文件对象。

(2)使用文件对象的读/写方法对文件进行读/写操作。其中,将数据从外存传输到内存的过程称为读操作,将数据从内存传输到外存的过程称为写操作。

(3)使用文件对象的 close()方法关闭文件。

## 7.1.1　文件的打开

Python 使用 open()函数打开文件,创建一个 Python 文件对象。语法格式如下:

open(file, mode=$'r'$, encoding=None)

其中,file 表示待打开文件的文件名,是必写参数,所包括的文件路径既可以是绝对路径,也可以是相对路径;mode 表示文件的打开模式,是可选参数,默认选项为$'r'$,该参数可选选项见表 7-1;encoding 是可选参数,表示文件的编码格式。

表 7-1　　　　　　　　　　　　　　　　mode 参数的可选选项

| 打开模式 | 名称 | 描述 |
|---|---|---|
| r/rb | 只读模式 | 以只读的形式打开文本文件/二进制文件,若文件不存在或无法找到,文件打开失败 |
| w/wb | 只写模式 | 以只写的形式打开文本文件/二进制文件,若文件已存在,则重写文件,否则创建新文件 |
| a/ab | 追加模式 | 以只写的形式打开文本文件/二进制文件,只允许在该文件末尾追加数据,若文件不存在,则创建新文件 |
| r+/rb+ | 读取(更新)模式 | 以读/写的形式打开文本文件/二进制文件,若文件不存在,文件打开失败 |
| w+/wb+ | 写入(更新)模式 | 以读/写的形式打开文本文件/二进制文件,若文件已存在,则重写文件 |
| a+/ab+ | 追加(更新)模式 | 以读/写的形式打开文本文件/二进制文件,只允许在该文件末尾添加数据,若文件不存在,则创建新文件 |

说明:

1.“+”参数表示读和写都是允许的,否则表示以只读或只写模式打开文件。

2.Python 通常处理的是文本文件,当处理二进制文件时,比如声音文件或图像文件,则应该在该模式参数中增加“b”。

举例说明 open()函数的使用:

首先用记事本创建一个文本文件,取名为 hello.txt。输入以下内容并保存在 d:\目录下

Hello

China

My country

I love You!

在运行环境中输入以下代码:

```
hellofile = open("d:\\hello.txt")
print(hellofile)
```

执行结果如下：

```
<_io.TextIOWrapper name='d:\\hello.txt' mode='r' encoding='cp936'>
```

这条命令将以读取文本文件的方式打开放在 d 盘文件夹下的 hello.txt 文件，读模式是 Python 打开文件的默认模式。

当调用 open()函数时将返回一个文件对象，在本例中文件对象就保存在 hellofile 变量中。

### 7.1.2 文件的关闭

处理完文件后，需要调用 close()方法来关闭文件并释放系统资源。打开的文件会占用系统资源，若打开的文件过多，则会降低系统性能。因此，编写程序时应使用 close()方法主动关闭不再使用的文件，不仅可以释放文件资源并终止程序对外部文件的连接，而且能保障程序的稳定性。

close()方法用于关闭文件，该方法没有参数，直接调用即可，语法格式为：

```
file.close()
```

其中，file 为需要关闭的文件对象。示例如下：

```
hellofile = open("d:\\hello.txt")
print(hellofile)
hellofile.close()
```

另外，也可以使用 with 语句自动关闭文件：

```
with open("d:\\hello.txt", encoding='UTF-8') as hellofile:
    s = hellofile.read()   # 读取 hello.txt 文本数据
    print(s)
```

with 语句可以打开文件并且赋值给文件对象，之后就可以对文件进行操作。文件会在语句结束后自动关闭，即使是由于异常引起的结束也是如此。

### 7.1.3 文件的读取

Python 提供了一系列读取文件的方法，包括读取文本文件的 read()、readline()、readlines()方法和写文本文件的 write()、writelines()方法，下面结合这些方法分别介绍如何读取文件。

**1.read()方法**

read()方法可以从指定文件中读取指定字节的数据。若不设置任何参数，read()方法会将整个文件的内容读取为一个字符串，即一次性读取的全部内容，性能会根据文件大小而变化。如果文件太大，则会使用大量内存，导致程序卡死，所以保险起见，可以通过反复调用 read(size)方法，每次最多读取 size 个字节的内容。其语法格式如下：

```
file.read([size])
```

其中，参数 size 表示设置的读取数据的字节数，若该参数省略，则一次性读取指定文件中的所有数据。

使用 read()方法读取 hello.txt 文本文件中的内容，代码示例如下：

```
hellofile = open("d:\\hello.txt", encoding='UTF-8')
s = hellofile.read()
print(s)
hellofile.close()
```

执行结果如下：

```
Hello
China
My country
I love You!
```

### 2.readline()方法

readline()方法可以从指定文件中读取一行数据,其语法格式如下：

```
file.readline()
```

每执行一次 readline()方法便会读取文件中的一行数据。

使用 readline()方法读取 hello.txt 文本文件中的内容,代码示例如下：

```
hellofile = open("d:\\hello.txt", encoding='UTF-8')
fcontent = ""
while True:
    s = hellofile.readline()
    if s == "":
        break
    fcontent += s
hellofile.close()
print(fcontent)
```

执行结果如下：

```
Hello
China
My country
I love You!
```

### 3.readlines()方法

readlines()方法可以一次性读取文件中的所有数据,在其读取数据后会返回一个列表,该列表中的每个元素对应着文件中的每一行数据。其语法格式如下：

```
file.readlines()
```

readlines()方法也可以设置参数,指定一次读取的字符数。

注意：

read()方法(参数缺省时)和 readlines()方法都可一次性读取文件中的全部数据,但这两种操作都不够安全。因为计算机的内存是有限的,若文件较大,read()和 readlines()的一次读取便会耗尽系统内存。为了保证读取安全,通常多次调用 read(size)方法,每次读取 size 字节的数据。

使用 readlines()方法读取 hello.txt 文本文件中的内容,代码示例如下：

```
with open("d:\\hello.txt", encoding='UTF-8') as hellofile:
    s = hellofile.readlines()
    print(s)
```

执行结果如下：

['Hello\n', 'China\n', 'My country\n', 'I love You!']

## 7.1.4 文件的定位

在文件的打开与关闭之间进行的读写操作都是连续的，程序总是从上次读写的位置继续向下进行读写操作。每个文件对象都有一个称为"文件读写位置"的属性，该属性用于记录文件当前读写的位置。文件读写位置默认为 0，即在文件首部。Python 提供了一些获取与修改文件读写位置的方法，以实现文件的定位读写。

**1. tell( )方法**

tell( )方法用于获取当前文件读写的位置，其语法格式如下：

file. tell()

tell( )方法代码示例如下：

```
hellofile = open("d:\\hello.txt", encoding='UTF-8')
print(hellofile.tell())              #获取文件读写位置
print(hellofile.read(10))            #利用 read()方法移动文件读写位置
print(hellofile.tell())              #再次获取文件读写位置
hellofile.close()
```

执行结果如下：

```
0
Hello
Chin
11
```

**2. seek( )方法**

seek( )方法用于设置当前文件读写的位置，其语法格式如下：

file.seek(offset, from)

说明：offset 表示偏移量，即读写位置需要移动的字节数；from 用于指定文件的读写位置，该参数的取值有：0、1、2，其中 0 表示在开始位置读写；1 表示在当前位置读写；2 表示在末尾位置读写。

seek( )方法代码示例如下：

```
hellofile = open("d:\\hello.txt", encoding='UTF-8')
print("当前文件指针位置：", hellofile.tell())
s = hellofile.read(10)
print("hellofile.read(10)读取到的数据：", s)
print("当前文件位置：", hellofile.tell())
hellofile.seek(4, 0)
print("hellofile.seek(4,0),当前文件指针位置：", hellofile.tell())
st = hellofile.readline()
print("hellofile.readline()读取到的数据：", st)
print("当前文件指针位置：", hellofile.tell())
```

执行结果如下：

当前文件指针位置： 0

hellofile.read(10)读取到的数据： Hello

Chin

当前文件位置： 11

hellofile.seek(4,0),当前文件指针位置： 4

hellofile.readline()读取到的数据： 0

当前文件指针位置： 7

## 7.1.5 文件的写入

写文件与读文件相似,都需要先创建文件对象连接,不同的是,写文件是以写模式或添加模式打开文件,写文件时不允许读取数据。如果文件不存在,则创建该文件;如果是已有文件,则会覆盖文件原有内容。

**1.write()方法**

write()方法可以将指定字符串写入文件,其语法格式如下:

file.write(str)

参数 str 表示要写入的字符串。若字符串写入成功,write()方法返回本次写入文件的数据的字节数。

write()方法代码示例如下:

```
string = "Welcome to China!"
with open("d:\\hello.txt", mode='w', encoding='UTF-8') as f:
    size = f.write(string)
    print(size)
```

执行结果如下:

17

然后打开 d 盘下的 hello.txt 文本文件,该文件的内容只有字符串"Welcome to China!",之前的内容已经被完全覆盖。

**2.writelines()方法**

writelines()方法用于将行列表写入文件,其语法格式如下:

file.writelines(lines)

说明:

(1)lines 表示要写入文件中的数据,该参数可以是一个字符串或者字符串列表。

(2)若写入文件的数据在文件中需要换行,就需要换行符。

writelines()方法代码示例如下:

```
string = "Hello\nChina\nI love You! \nWelcome to China!"    #\n 为换行符
with open('d:\\hello.txt', mode='w', encoding='UTF-8') as f:
    f.writelines(string)
```

执行以上代码后,打开 d 盘下的 hello.txt 文本文件,该文件的内容如下:

Hello

China

I love You!

Welcome to China!

## 7.1.6　文件的复制

shutil 模块中提供了一些函数，可以帮助复制、移动、删除文件和文件夹，常用的函数见表 7-2。

表 7-2　　　　　　　　　　　　　　shutil 模块常用的函数

| 方法 | 说明 |
| --- | --- |
| shutil.copy(source,destination) | 复制文件 |
| shutil.copytree(source,destination) | 复制整个文件夹，包括其中的文件及子文件夹 |
| shutil.move(source,destination) | 移动文件，同 shutil.copy()用法相似 |
| os.remove(path)/os.unlink(path) | 删除 path 指定的文件 |
| os.rmdir(path) | 只能删除空文件夹 |
| shutil.rmtree(path) | 删除整个文件夹，包含所有文件及子文件夹 |

shutil.copy()函数代码示例如下：

```
import shutil
shutil.copy('d:\\hello\abc.txt', 'd:\\abc.txt')
```

执行以上代码后，打开 d 盘根目录，可以看到 abc.txt 已经复制过来。

注意：

不管是 shutil.copy()还是 shutil.move()，其参数中的路径必须存在，否则 Python 会报错。

## 7.1.7　文件的重命名

Python 提供了用于更改文件名的函数 rename()，该函数存在于 os 模块中，其语法格式如下：

```
os.rename(原文件名，新文件名)
```

注意：

待重命名的文件必须已存在，否则解释器会报错。

rename()函数代码示例如下：

```
import os
os.rename('d:\\hello.txt','d:\\hellonew.txt')
```

执行以上代码后，打开 d 盘，可以看到 hello.txt 文本文件的名称已经改成 hellonew.txt。

## 7.2　目录操作

在大多数操作系统中,文件被存储在多级目录(文件夹)中,这些文件和目录(文件夹)被称为文件系统。Python 的标准 os 模块可以处理它们。

### 7.2.1　创建目录

Python 程序使用 os 模块中的 makedirs()函数创建新目录,其语法格式如下:

os.makedirs(path, mode)

说明:

path:表示要创建的目录。

mode:表示目录的数字权限,该参数在 Windows 系统下可忽略。

makedirs()函数代码示例如下:

```
import os
os.makedirs('d:\\hello')
```

执行以上代码后,打开 d 盘,可以看到已经创建了一个名为 hello 的文件夹。

### 7.2.2　删除目录

当目录不再使用时,需要将它删除。Python 程序可以使用 os 模块中的 rmdir()函数删除空目录,其语法格式如下:

os.rmdir(path)

说明:

path:表示要删除的目录。

rmdir()函数代码示例如下:

```
import os
os.rmdir('d:\\hello')
```

执行以上代码后,打开 d 盘,可以看到 hello 的文件夹已经没有,被删除了。

注意:rmdir()只能删除空目录,如果目录下有文件,则会报错。

### 7.2.3　获取目录文件列表

Python 程序使用 os 模块中的 listdir()函数来获取文件夹下文件或文件夹名的字符串列表,该列表以字母顺序排序,其语法格式如下:

listdir(path)

说明:

path:表示要获取的目录列表。

listdir()函数代码示例如下:

```
import os
pt = os.listdir('D:\\pythontest')
print(pt)
```

执行结果如下：

```
['test1', 'test2']
```

经查看，D:\\pythontest 目录下只由 test1 和 test2 两个目录。

### 7.3　文件路径操作

在实际编程过程中，经常需要获取文件所在路径信息。

### 7.3.1　获取当前路径

当前路径即文件、程序或目录当前所处的路径。os 模块中的 getcwd() 函数用于获取当前路径，其语法格式如下：

```
os.getcwd()
```

getcwd() 函数代码示例如下：

```
import os
current_path = os.getcwd()
print(current_path)
```

执行结果如下：

```
D:\PycharmProjects\python3book
```

### 7.3.2　检查路径是否有效

os 模块中的 exists() 函数用于判断路径是否存在，如果当前路径存在，则该函数返回 True，否则返回 False。其语法格式如下：

```
os.path.exists(path)
```

其中，path 为当前路径。

exists() 函数代码示例如下：

```
import os
current_path = os.getcwd()
print(current_path)
print(os.path.exists(current_path))
current_path_file = "D:\\Python 项目"
print(os.path.exists(current_path_file))
```

执行结果如下：

```
D:\PyCharmProjects\python3book
True
False
```

### 7.3.3　相对路径与绝对路径

文件相对路径指这个文件夹所在的路径与其他文件(或文件夹)的路径关系，绝对路径指盘符开始到当前位置的路径。

比如，相对路径为:./photo.jpg

绝对路径为:D:/PyCharmProjects/python3book/photo.jpg

在实际编程过程中，经常需要获取文件所在路径信息，比如需要查找特定配置文件的位置等，这些都依赖于 os.path 模块。os.path 模块主要用于获取文件的属性，表 7-3 列出了几个常用的方法。

表 7-3　　　　　　　　　　　　　　　os.path 模块常用的方法

| 方法 | 说明 |
|---|---|
| os.path.abspath(path) | 返回 path 规范化的绝对路径 |
| os.path.basename(path) | 返回 path 最后的文件名 |
| os.path.dirname(path) | 返回 path 的目录 |
| os.path.exists(path) | 如果 path 存在，则返回 True；如果 path 不存在，则返回 False |
| os.path.getatime(path) | 返回 path 所指向的文件或者目录的最后存取时间 |
| os.path.getmtime(path) | 返回 path 所指向的文件或者目录的最后修改时间 |
| os.path.getctime(path) | 返回 path 所指向的文件或者目录的创建时间 |
| os.path.isabs(path) | 如果 path 是绝对路径，则返回 True |
| os.path.isfile(path) | 如果 path 是一个存在的文件，则返回 True，否则返回 False |
| os.path.isdir(path) | 如果 path 是一个存在的目录，则返回 True，否则返回 False |
| os.path.join(path1[，path2[，…]]) | 将多个路径组合后返回 |
| os.path.split(path) | 将 path 分割成目录和文件名二元组返回 |

其中，当目标路径为相对路径时，使用 abspath() 函数可将当前路径规范化为绝对路径，其语法格式如下：

os.path.abspath(path)

其中，path 为当前路径。

abspath() 函数代码示例如下：

```
import os
print(os.path.abspath('.'))
print(os.path.abspath('..'))
```

执行结果如下：

D:\PyCharmProjects\python3book

D:\PyCharmProjects

注意：上述代码中，"."代表当前路径，".."代表上层路径

## 7.3.4　组合路径

os.path 模块中的 join() 函数用于拼接路径，其语法格式如下：

os.path.join(path1[，path2[，…]])

说明：参数 path1、path2 表示要拼接的路径。

os.path.join() 函数代码示例如下：

```
import os
print(os.path.split('D:\\pythontest\\test1\\hellonew.txt'))
print(os.path.join('D:\\pythontest\\test1','hellonew.txt'))
```

执行结果如下：

```
('D:\\pythontest\\test1', 'hellonew.txt')
D:\pythontest\test1\hellonew.txt
```

## 7.4　实践任务

### 7.4.1　实验案例1：使用文件实现身份证归属地查询

**1.实验案例目标**

掌握文件打开和读取的方法。

**2.实验案例分析**

通过输入身份证的前6位数字，与身份证码值对照表进行比对，从而得到身份证归属地。

**3.编码实现**

```
import json
f = open("../身份证码值对照表.txt",'r',encoding='UTF-8')
content = f.read()
content_dict = json.loads(content)    #转换为字典类型
address = input('请输入身份证前6位：')
for key, val in content_dict.items():
    if key == address：
        print(val)
```

**4.运行测试**

运行代码，控制台输出结果如下：

```
请输入身份证前6位：440106
广东省广州市天河区
```

### 7.4.2　实验案例2：使用文件实现通信录

编写一个通信录程序，可以添加、查询、删除通信录好友及电话。

**1.实验案例目标**

掌握文件的读写

**2.实验案例分析**

分别定义添加联系人、查找联系人、删除联系人等各个函数，再通过循环语句、if选择语句分类操作。write写文件操作的参数只能是字符串类型，如果想把其他类型的变量写入文件，就必须将其转换成字符串，否则会报错。因此，这里使用pickle模块，用它提供的方法可以把各种类型的数据存储文件。

**3.编码实现**

```
import os    #引用 os 模块
import pickle    #应用 pickle 模块


Path = '../Person.txt'    #全局变量,这里是通信录物理路径
#判断通信录是否存在,不存在则创建空通信录
if os.path.exists(Path) == False：    #判断通信录是否存在
    f = open((Path),'wb')    #以二进制写模式打开通信录
    temp = {'total':0}    #局部变量,用于计算通信录的人数
    pickle.dump(temp, f)    #将对象 temp 保存到 f 中
    f.close()    #关闭 f
else：
    pass    #空函数


#添加联系人
def add()：    #自定义添加函数
    f = open((Path),'rb')    #以二进制读模式打开通信录
    a = pickle.load(f)    #从 f 中读取信息为数组的形式
    f.close    #关闭 f
    b = 0    #自定义局部变量
    name = input('请输入要添加联系人的姓名：')    #获取输入,这里是姓名
    for key in a.keys()：    #循环 key 为自定义,a.keys()为从通信录读出来所有 key
        b += 1    #自定义变量自增
        if key == name and b <= a['total']+1：    #判断,满足条件执行
            print("联系人已存在,添加失败!")
            break    #跳出循环
        if b == a['total'] + 1 and key ！= name：    #判断,满足条件执行
            number = input('请输入号码：')    #获取输入
            information = {name：number}    #附值
            a['total'] += 1    #total+1
            a.update(information)    #更新 a 对象
            f = open((Path),'wb')    #以二进制写模式打开通信录
            pickle.dump(a, f)    #把 a 对象写入 f
            f.close()    #关闭 f
            print('添加成功')
            break    #跳出循环


#显示所有联系人
def showall()：
    f = open((Path),'rb')
    a = pickle.load(f)
```

```python
        print("一共有{}个联系人.".format(a['total']))
        for key in a.keys():
            if key != 'total':
                print("{""}:{""}".format(key, a[key]))
            f.close
# 退出通信录
def exit():
    exec("quit()")


# 查找
def search(name):
    f = open((Path), 'rb')
    a = pickle.load(f)
    b = 0
    for key in a.keys():
        b += 1
        if key == name and b <= a['total']+1:
            print("{}的号码是:{}".format(name, a[key]))
            break
        if b == a['total'] + 1 and key != name:
            print("联系人不存在")
            break


# 删除联系人
def delete(name):
    f = open((Path), 'rb')
    a = pickle.load(f)
    f.close()
    b = 0
    for key in a.keys():
        b += 1
        if key == name and b <= a['total']+1:
            a.pop(name)
            a['total'] -= 1
            f = open((Path), 'wb')
            pickle.dump(a, f)
            f.close()
            print("删除成功!")
            break
        if b == a['total'] + 1 and key != name:
            print("联系人不存在! 无法删除!")
            break
```

```
#修改
def change():
    x = input("请输入所要修改的联系人姓名:")
    f = open((Path), 'rb')
    a = pickle.load(f)
    f.close()
    b = 0
    for key in a.keys():
        b += 1
        if key == x and b <= a['total']+1:
            y = input("请输入修改后的号码:")
            a[key] = y
            f = open((Path), 'wb')
            pickle.dump(a, f)
            f.close()
            print("修改成功!")
            break
        if b == a['total'] + 1 and key != name:
            print("联系人不存在")
            break


#界面
def point():
    print("* * * * * * * * * * * * * * * * * * * * * * * * * * * * * * *")
    print("显示提示信息:*")
    print("显示所有联系人:0")
    print("查找联系人:1")
    print("添加联系人:2")
    print("删除联系人:3")
    print("更改联系人资料:4")
    print("退出通信录:5")
    print("* * * * * * * * * * * * * * * * * * * * * * * * * * * * * * *")


point()
#主进程
while True:   #循环
    x = int(input("请输入您的选择:"))   #获取输入
    if x == 2:   #判断输入
        add()   #调用添加函数
        continue   #结束本次循环,重新开始下一轮循环
    elif x == 0:
        showall()   #调用显示全部函数
        continue   #结束本次循环,重新开始下一轮循环
```

```
    elif x == 5:
        exit()    # 调用退出函数
    elif x == 1:
        name = input("请输入所要查找的联系人姓名:")
        search(name)    # 调用查找函数,需要传一个参数:姓名
        continue    # 结束本次循环,重新开始下一轮循环
    elif x == 3:
        name = input("请输入所要删除的联系人姓名:")
        delete(name)    # 调用删除函数,需要传一个参数:姓名
        continue    # 结束本次循环,重新开始下一轮循环
    elif x == 4:
        change()    # 调用修改函数
        continue    # 结束本次循环,重新开始下一轮循环
    elif x == '*':
        point()
    else:
        print("输入选项不存在,请重新输入!")
        break
```

### 4.运行测试

运行代码,控制台输出结果如下:

```
* * * * * * * * * * * * * * * * * * * * * * * * * *
显示提示信息:*
显示所有联系人:0
查找联系人:1
添加联系人:2
删除联系人:3
更改联系人资料:4
退出通信录:5
* * * * * * * * * * * * * * * * * * * * * * * * * *
请输入您的选择:2
请输入要添加联系人的姓名:李四
请输入号码:15896669586
添加成功
请输入您的选择:1
请输入所要查找的联系人姓名:李四
李四的号码是:15896669586
请输入您的选择:5


Process finished with exit code 0
```

## 7.4.3　实验案例3:使用文件实现账号管理

该程序可以实现用户注册、用户登录、用户注销、修改密码和退出等功能。

**1. 实验案例目标**

掌握文件的读写操作。

**2.实验案例分析**

用户信息存储在文件中,注册时判断用户是否已存在,登录时比较用户的登录信息与文件中存储的信息是否一致。

**3.编码实现**

```python
import os
def welcome():
    print("欢迎使用账户管理程序")
    print("1.用户注册")
    print("2.用户登录")
    print("3.用户注销")
    print("4.修改密码")
    print("5.退出")
    while True:
        option = input("请选择功能\n")
        #用户注册
        if option == '1':
            register()
        #用户登录
        elif option == '2':
            login()
        #注销
        elif option == '3':
            cancel()
        #修改密码
        elif option == '4':
            modify()
        elif option == '5':
            break


#将文件中的数据转换为字典
def convert_data():
    info_li = []
    with open('./info.txt', mode='r+', encoding='utf8') as f:
        info_data = f.readlines()
        for i in info_data:
            info_dict = dict()
            #替换{ 和 }并去掉空格
            step_one = i.replace('{', '').replace('}', '')
            #以冒号进行分隔
            step_two = step_one.split(':')
```

```python
            #拼接字典
            info_dict["姓名"] = step_two[1].split(',')[0].replace("'", '').strip()
            info_dict["密码"] = step_two[2].replace("'", '').strip()
            #保存到列表中
            info_li.append(info_dict)
    return info_li


#注册
def register():
    if os.path.exists('./info.txt') is not True:
        with open('./info.txt', mode='w', encoding='utf8') as f:
            f.write('')
    #用户名列表
    name_li = []
    info_li = convert_data()
    #接收注册信息
    person_info = {}
    name = input("请输入注册用户名:\n")
    #获取用户列名列表
    for i in info_li:
        name_li.append(i['姓名'])
    #判断用户是否存在
    if name in name_li:
        print('用户已注册')
    else:
        password = input("请输入注册密码:\n")
        person_info['姓名'] = name
        person_info['密码'] = password
        #写入注册信息
        with open('./info.txt', mode='a+', encoding='utf8') as info_data:
            info_data.write(str(person_info) + '\n')


#登录
def login():
    if os.path.exists('./info.txt') is not True:
        print('当前无数据,请先注册')
    else:
        #用户名列表
        name_li = []
        info_li = convert_data()
        name = input("请输入登录用户名:\n")
        password = input("请输入登录密码:\n")
        #获取用户列名列表
```

```python
    for i in info_li:
        name_li.append(i['姓名'])
    #判断用户是否存在
    if name in name_li:
        #获取修改用户的索引
        modify_index = name_li.index(name)
        #判断密码是否正确
        if password == info_li[modify_index]['密码']:
            print('登录成功')
        else:
            print('用户名或密码不正确')
    else:
        print('用户名或密码不正确')


#注销
def cancel():
    if os.path.exists('./info.txt') is not True:
        print('当前无数据,请先注册')
    else:
        cancel_name = input("请输入注销的用户\n")
        cancel_password = input("请输入密码\n")
        #用户名列表
        name_li = []
        info_li = convert_data()
        for i in info_li:
            name_li.append(i['姓名'])
        if cancel_name in name_li:
            #获取注销用户的索引
            cancel_index = name_li.index(cancel_name)
            #判断输入的密码是否正确
            if cancel_password == info_li[cancel_index]['密码']:
                info_li.pop(cancel_index)
                #写入空数据
                with open('./info.txt', mode='w+', encoding='utf8') as f:
                    f.write('')
                for i in info_li:
                    with open('./info.txt', mode='a+', encoding='utf8') as info_data:
                    info_data.write(str(i) + '\n')
                print('用户注销成功')
            else:
                print('用户名或密码不正确')
        else:
            print('注销的用户不存在')
```

```python
#修改密码
def modify():
    if os.path.exists('./info.txt') is not True:
        print('当前无数据,请先注册')
    else:
        #用户名列表
        name_li = []
        info_li = convert_data()
        modify_name = input("请输入用户名:\n")
        password = input("请输入旧密码:\n")
        #获取用户列名列表
        for i in info_li:
            name_li.append(i['姓名'])
        #判断用户是否存在
        if modify_name in name_li:
            #获取修改密码用户的索引
            modify_index = name_li.index(modify_name)
            #判断密码是否正确
            if password == info_li[modify_index]['密码']:
                #修改密码
                new_password = input("请输入新密码\n")
                info_li[modify_index]['密码'] = new_password
                with open('./info.txt', mode='w+', encoding='utf8') as f:
                    f.write('')
                for i in info_li:
                    with open('./info.txt', mode='a+', encoding='utf8') as info_data:
                        info_data.write(str(i) + '\n')
            else:
                print("用户名或密码不正确")

        else:
            print("用户名或密码不正确")


if _name_ == '_main_':
    welcome()
```

**4.运行测试**

运行代码,控制台输出结果如下:

欢迎使用账户管理程序

1.用户注册

2.用户登录

3.用户注销

4.修改密码

```
5.退出
请选择功能
1
请输入注册用户名：
张三
请输入注册密码：
123456
请选择功能
2
请输入登录用户名：
张三
请输入登录密码：
123456
登录成功
请选择功能
5

Process finished with exit code 0
```

## 7.5　本章小结

本章主要介绍了 Python 的文件处理、目录操作和文件路径操作等相关知识，包括文件的打开、文件的关闭、文件的读取、文件的定位、文件的写入、文件重命名、创建目录、删除目录、获取目录文件列表、相对路径与绝对路径、组合路径等。

通过本章的学习，希望大家能够掌握 Python 编程中各种文件操作的使用方法。

## 7.6　习　题

一、选择题

1.下列选项中，用于向文件中写入数据的是（　　　）。

A.open()　　　　　　B.write()　　　　　　C.close()　　　　　　D.read()

2.下列代码要打开的文件应该在（　　　）。

f = open('itheima.txt', 'w')

A.C 盘根目录　　　B.D 盘根目录　　　C.Python 安装目录　D.程序所在目录

3.下列选项中，用于获取当前目录的是（　　　）。

A.open()　　　　　　B.write()　　　　　　C.getcwd()　　　　　　D.read()

二、填空题

1.打开文件对文件进行读写后,应调用_____方法关闭文件以释放资源。

2.在读写文件的过程中,_____方法可以获取当前的读写位置。

3.os 模块中的 makedirs()函数用于_____。

三、编程题

1.读取一个文件,打印除了以♯开头的行之外的所有行。

2.编写程序,读取存储若干数字的文件,对其中的数字进行排序后输出。

# 第8章

## 错误与异常

**学习目标**

1.了解什么是错误,什么是异常
2.掌握 Python 内置异常和自定义异常
3.掌握 Python 异常检测方法
4.掌握 Python 异常处理方法

错误和异常　　思政元素

　　编写程序时,错误和异常通常是引起程序无法正常执行的原因所在。编程语言对异常处理机制的支持程度是其走向成熟的必要前提。Python 语言中,除了常用的异常处理机制,还提供了灵活的 raise、with 等异常检测和处理机制。

## 8.1　错误与异常概述

　　在开发计算机程序时,一旦程序发现错误和异常,程序就会终止。而对于初学者来说,经常把错误和异常搞混淆。对于这两者,不管是字面还是实际含义,都存在较大差别。

### 8.1.1　错误

对编程而言,错误分为:语法错误和逻辑错误。

**1.语法错误**

语法错误是指不遵循语言的语法结构而引起的错误,通常表现为程序无法正常编译或运行。在编译语言(如 C++、Java、C#)中,语法错误只在编译期出现。编译期要求所有的语法都正确,才能正常编译。而对于解释型语言(如 Python、JavaScript、PHP 等)来说,语法错误可能在运行期才会出现。

在 Python 中,常见的语法错误有:

(1)遗漏了某些必要的符号(冒号、逗号或括号等)。

(2)关键字拼写错误。

(3)缩进不正确。

(4)空语句块(需要使用 pass 语句)。

一种典型的语法错误代码示例如下:

```
＃使用 for 循环把列表中的元素遍历出来
colors = ['red', 'blue', 'green', 'yellow']
for color in colors
    print('颜色元素', color)
print('Bye,color')
```

上述代码 for color in colors 之后缺少冒号,因此提示语法错误,执行结果如下:

```
File "D:/PyCharmProjects/python3book/pb3.5.py", line 2
    for color in colors
                       ^
SyntaxError:invalid syntax
```

**2.逻辑错误**

逻辑错误又称语义错误,是指程序可以正常运行,但执行结果与预期不符。与语法错误不同,逻辑错误从语法来说是正确的,但会产生非预期的输出结果,通常不能被立即发现。逻辑错误的唯一表现就是错误的运行结果。

逻辑错误和编程语言无关,常见的逻辑错误有:

(1)运算符优先级考虑不周。

(2)变量名使用不正确。

(3)语句块缩进层次不对。

(4)布尔表达式中出错等。

逻辑错误代码示例如下:

```
＃使用 for 循环把列表中的元素遍历出来
colors = ['red', 'blue', 'green', 'yellow']
for color in colors:
    print('颜色元素', color)
    print('Bye,color')
```

执行结果如下:

```
颜色元素 red
Bye,color
颜色元素 blue
Bye,color
颜色元素 green
Bye,color
```

颜色元素 yellow

Bye,color

很明显,代码没有报错,但是并不是我们想要的结果,"Bye,color"字符本来是希望在结果最后才显示,但由于 print('Bye,color')语句的缩进出了问题,导致每个颜色元素显示之后都会输出"Bye,color"。

## 8.1.2 异常

程序中的语句或表达式在语法上是正确的,但是在执行的时候可能会因为发生错误而停止运行。在 Python 语言中,这种运行时的错误被称为异常。异常是一种事件,该事件会在程序执行过程中发生,影响程序的正常执行。

Python 使用异常对象来表示异常情况,遇到错误后会引发异常,如果异常对象未被捕捉和处理,程序就会以堆栈回溯终止执行。

在 Python 中,常见的异常如下(括号中为触发的系统异常名称):

(1)使用未定义的标识符(NameError)。

(2)除数为零(ZeroDivisionError)。

(3)打开的文件不存在(FileNotFoundError)。

(4)导入的模块没被找到(ImportError)。

异常信息中通常包含异常代码所在行号、异常的类型和异常的描述信息。

## 8.2 Python 中的异常

根据异常定义的主体不同,Python 中的异常分为内置异常和自定义异常。内置异常是 Python 语言内部已经定义好的一系列异常,开发者在平时接触到的大多是这类异常。自定义异常是开发者在内置异常类型的基础上,根据实际需要定义的异常,一般可用于异常处理的个性化设置。

## 8.2.1 内置异常

在 Python 中所有的异常类都继承自基类 BaseException。BaseException 类中包含 4 个子类,其中子类 Exception 是大多数常见异常类的父类。Python 内置异常类的层次结构如下:

```
BaseException                 所有异常的基类
 +-- SystemExit                解释器请求退出
 +-- KeyboardInterrupt         用户中断执行(通常是输入^C)
 +-- GeneratorExit             生成器(generator)发生异常来通知退出
 +-- Exception                 常规错误的基类
     +-- StopIteration         迭代器没有更多值
     +-- StopAsyncIteration    必须通过异步迭代器对象的_anext_()方法
                               引发以停止迭代
```

```
+-- ArithmeticError              所有数值计算错误的基类
|   +-- FloatingPointError       浮点计算错误
|   +-- OverflowError            数值运算超出最大限制
|   +-- ZeroDivisionError        除(或取模)零(所有数据类型)
+-- AssertionError               断言语句失败
+-- AttributeError               对象没有这个属性
+-- BufferError                  与缓冲区相关的操作时引发
+-- EOFError                     没有内建输入,到达 EOF 标记
+-- ImportError                  导入失败
|   +-- ModuleNotFoundError      找不到模块
+-- LookupError                  无效数据查询的基类
|   +-- IndexError               序列中没有此索引(index)
|   +-- KeyError                 映射中没有这个键
+-- MemoryError                  内存溢出错误
+-- NameError                    未声明、初始化对象
|   +-- UnboundLocalError        访问未初始化的本地变量
+-- OSError                      操作系统错误,
|   +-- BlockingIOError          操作将阻塞对象设置为非阻塞操作
|   +-- ChildProcessError        子进程上的操作失败
|   +-- ConnectionError          与连接相关的异常的基类
|   |   +-- BrokenPipeError      在已关闭写入的套接字上写入
|   |   +-- ConnectionAbortedError  连接尝试被对等方中止
|   |   +-- ConnectionRefusedError  连接尝试被对等方拒绝
|   |   +-- ConnectionResetError    连接由对等方重置
|   +-- FileExistsError          创建已存在的文件或目录
|   +-- FileNotFoundError        请求不存在的文件或目录
|   +-- InterruptedError         系统调用被输入信号中断
|   +-- IsADirectoryError        在目录上请求文件操作
|   +-- NotADirectoryError       在不是目录的事物上请求目录操作
|   +-- PermissionError          在没有访问权限的情况下运行操作
|   +-- ProcessLookupError       进程不存在
|   +-- TimeoutError             系统函数在系统级别超时
+-- ReferenceError               弱引用试图访问已经垃圾回收的对象
+-- RuntimeError                 一般的运行时错误
|   +-- NotImplementedError      尚未实现的方法
|   +-- RecursionError           解释器检测到超出最大递归深度
+-- SyntaxError   Python         语法错误
|   +-- IndentationError         缩进错误
```

| | +-- TabError    Tab | 和空格混用 |
| +-- SystemError | 一般的解释器系统错误 |
| +-- TypeError | 对类型无效的操作 |
| +-- ValueError | 输入无效的参数 |
| | +-- UnicodeError | Unicode 相关的错误 |
| | +-- UnicodeDecodeError | Unicode 解码时的错误 |
| | +-- UnicodeEncodeError | Unicode 编码时错误 |
| | +-- UnicodeTranslateError | Unicode 转换时错误 |
| +-- Warning | 警告的基类 |
| +-- DeprecationWarning | 关于被弃用的特征的警告 |
| +-- PendingDeprecationWarning | 关于构造将来语义会有改变的警告 |
| +-- RuntimeWarning | 可疑的运行行为的警告 |
| +-- SyntaxWarning | 可疑的语法的警告 |
| +-- UserWarning | 用户代码生成的警告 |
| +-- FutureWarning | 有关已弃用功能的警告的基类 |
| +-- ImportWarning | 模块导入时可能出错的警告的基类 |
| +-- UnicodeWarning | 与 Unicode 相关的警告的基类 |
| +-- BytesWarning | bytes 和 bytearray 相关的警告的基类 |
| +-- ResourceWarning | 与资源使用相关的警告的基类 |

## 8.2.2 自定义异常

根据实际项目的需要,开发者也可以通过创建异常类的方式定义自己的异常。需要注意的是,自定义异常类必须直接或间接继承内置异常类 Exception。一般来说,自定义异常类的属性数量不宜过多,要尽量保持简洁。在创建一个抛出不同错误的模块时,可以为这个模块中的异常创建统一的父类,由各子类创建对应不同错误的具体异常。

为了提高程序代码的可读性,大多数自定义异常类的名字都建议以 Error 结尾。

```
class ShortInputError(Exception):
    def _init_(self, length, atleast):
        self.length = length   #输入的密码长度
        self.atleast = atleast   #限制的密码长度
try:   #捕获异常
    text = input("请输入密码:")
    if len(text) < 3:
        raise ShortInputError(len(text), 3)
except ShortInputError as result:
    print("ShortInputError:输入的长度是%d,长度至少应是 % d" %
        (result.length, result.atleast))
else:
    print("密码设置成功")
```

输出结果为:

请输入密码：12
ShortInputError：输入的长度是 2，长度至少应是 3

---

### 8.3  捕获异常

Python 既可以直接通过 try-except 语句实现简单的异常捕获与处理的功能，也可以将 try-except 语句与 else 或 finally 子句组合实现更强大的异常捕获与处理的功能。

#### 8.3.1  try-except

try-except 语句可以捕获处理程序的单个、多个或全部异常。

**1.处理单个异常**

try-except 语句处理单个异常的语法格式如下：

```
try:
    <try 块>                          # 可能出错的代码
except [异常类型 [as error]]:          # 将捕获到的异常对象赋值 error
    <except 块>                       # 捕获异常后的处理代码
```

首先执行 try 子句中的语句，在执行过程中，如果没有异常，则跳过 except 子句；如果发生了异常，则中断当前 try 子句中语句的执行，try 子句中的剩余语句跳过，跳转到异常处理块中执行捕获异常后的处理代码。

try-except 语句处理单个异常代码示例如下：

```
try:
    print(10 / 0)
except ZeroDivisionError as e：
    print("catched a ValueError：", e)
```

输出结果为：

catched a ValueError：division by zero

**2.处理多个异常**

try-except 语句处理多个异常的语法格式如下：

```
try:
    <try 块>                          # 可能出错的代码
except [异常类型 1 [as error1]]:       # 将捕获到的异常对象赋值 error1
    <except 块 1>                     # 捕获异常后的处理代码 1
except [异常类型 2 [as error2]]:       # 将捕获到的异常对象赋值 error2
    <except 块 2>                     # 捕获异常后的处理代码 2
```

首先执行 try 子句中的语句，在执行过程中，如果没有异常，则跳过 except 子句；如果发生了异常，则中断当前 try 子句中语句的执行，try 子句中的剩余语句跳过，跳转到异常处理块中执行捕获异常后的处理代码。

一个 try 语句可能包含多个 except 子句，分别来处理不同的特定的异常。但要注意的是,不管有多少个 except 子句,最多只有一个分支会被执行。

处理多个异常时,也可以把多个异常合并到一个 except 子句中,使用带括号的元组方式列出多个异常类型,对这些异常执行统一的处理方式,具体语法如下:

```
try:
    <try 块>                              # 可能出错的代码
except [异常类型 1,异常类型 2,... [as error]]:   # 将捕获到的异常对象赋值 error
    <except 块>                          # 捕获异常后的处理代码
```

try-except 语句处理多个异常代码示例如下:

```
name = [1, 2, 3]
data = {"a", "b"}
try:
    name[4]
except (IndexError, KeyError) as e:
    print(e)
```

输出结果为:

```
list index out of range
```

### 3.处理全部异常

try-except 语句将异常类型设置为 Exception 或者省略不写即可处理全部异常,语法格式如下:

```
try:
    <try 块>                      # 可能出错的代码
except [Exception [as error]]:    # 将捕获到的异常对象赋值 error
    <except 块>                  # 捕获异常后的处理代码
```

注意:通过在 except 子句后面省略异常类型的方式虽然能处理所有的异常,但却无法获取异常的详细信息。

try-except 语句处理全部异常代码示例如下:

```
num_one = int(input("请输入被除数:"))
num_two = int(input("请输入除数:"))
try:
    print("结果为", num_one / num_two)
except Exception as error:
    print("出错了,原因:", error)
```

输出结果为:

```
请输入被除数:0
请输入除数:0
出错了,原因:division by zero
```

## 8.3.2　try-except-else

else 子句可以与 try-except 语句组合成 try-except-else 结构,若 try 监控的代码没有异常,程序会执行 else 子句后的代码,其语法格式如下:

```
try:
    <try 块>                                          #可能出错的代码
except [异常类型 [as error]]:                          #将捕获到的异常对象赋值 error
    <except 块>                                       #捕获异常后的处理代码
else:                                                #try 子句无异常,执行 else 子句
    <else 块>                                         #未捕获异常后的处理代码
```

try-except-else 语句代码示例如下:

```
num_one = int(input("请输入被除数:"))
num_two = int(input("请输入除数:"))
try:
    print("结果为", num_one / num_two)
except(ValueError, ZeroDivisionError) as error:
    print("出错了,原因:", error)
else:
    print("Everything is ok!")
```

输出结果为:

```
请输入被除数:5
请输入除数:20
结果为 0.25
Everything is ok!
```

### 8.3.3 try-finally

finally 子句可以和 try-except 一起使用,finally 子句与 try-except 语句连用时,无论 try-except 是否捕获到异常,finally 子句中的代码都要执行。语法格式如下:

```
try:
    <try 块>                                          #可能出错的代码
except [异常类型 [as error]]:                          #将捕获到的异常对象赋值 error
    <except 块>                                       #捕获异常后的处理代码
finally:                                             #try 子句中不管是否异常,都要执行 finally 子句
    <finally 块>                                      #一定要执行的代码
```

finally 子句多用于预设资源的清理操作,如关闭文件、关闭网络连接等。示例代码如下:

```
try:
    file = open('./hellonew.txt', mode='r', encoding='utf-8')
    print(file.read())
except FileNotFoundError as error:
    print(error)
finally:
    file.close()
    print('文件已关闭')
```

输出结果为:

Hello
China
My country
I love You!
文件已关闭

## 8.3.4 try-except-else-finally

实际开发中,经常混合使用 try-except 和 try-finally 语句,语法结构如下:

```
try:
    <try 块>                    # 可能出错的代码
except [异常类型 [as error]]:   # 将捕获到的异常对象赋值 error
    <except 块>                 # 捕获异常后的处理代码
else:                          # try 子句中无异常,执行 else 子句
    <else 块>                  # 未捕获异常后的处理代码
finally:                       # try 子句中无不管是否异常,都要执行 finally 子句
    <finally 块>               # 一定要执行的代码
```

在使用完整的 try-except-else-finally 语句时,出现的顺序必须是 try→except→else→finally,即所有的 except 必须在 else 和 finally 之前;else 和 finally 都是可选的,else 子句必须在 finally 子句之前,否则会出现语法错误。

try-except-else-finally 语句代码示例如下:

```
s1 = 'hello'
try:
    int(s1)
except IndexError as e:
    print(e)
except KeyError as e:
    print(e)
except ValueError as e:
    print(e)
else:
    print('try 内代码块没有异常则执行 ok')
finally:
    print('无论异常与否,都会执行该模块,通常是进行清理工作')
```

输出结果为:

invalid literal for int() with base 10:'hello'
无论异常与否,都会执行该模块,通常是进行清理工作

当 try 语句的其他子句通过 break、continue 或 return 语句离开时,finally 子句也会执行,但原来的异常将丢失且无法重新触发。

<br/>

## 8.4    抛出异常

不管使用 try-except 语句还是 try-finally 语句,出现的异常都是由解释器自动引发的。在实际应用中,开发者有时需要强制触发异常,比如对一些不合法输入需要立即处理。因此,需要一种可以主动触发异常的机制。

在 Python 程序中可以由开发人员使用 raise 和 assert 语句主动抛出异常。

### 8.4.1    raise 语句

raise 语句语法结构如下:

```
raise [Exception [, args [, traceback]]]
```

其中,Exception 表示异常的类型,可以是标准异常中的任意一种,例如 NameError 等。args 表示提供的异常参数,该参数是可选的,如果不提供,异常的参数默认是"None"。traceback 参数是可选的,在实践中很少使用,如果存在,则表示跟踪异常对象。

raise 语句代码示例如下:

```
try:
    raise TypeError('类型错误')
except Exception as e:
    print(e)
```

输出结果为:

```
类型错误
```

raise 语句后可以添加具体的异常类来引发相应的异常,也可以添加异常类的对象,引发相应的异常;raise 语句后若不添加任何内容,则可重新引发刚才发生的异常。

### 8.4.2    assert 语句

assert 语句用于判定一个表达式是否为真,如果表达式为真,不做任何操作,否则引发 AssertionError 异常。语法格式如下:

```
assert 表达式[,异常信息]
```

其中,表达式是 assert 语句的判定对象,异常信息通常是一个自定义异常或显示异常描述信息的字符串。

assert 语句代码示例如下:

```
num_one = int(input("请输入被除数:"))
num_two = int(input("请输入除数:"))
assert num_two != 0, '除数不能为0'    # assert 语句判定 num_two 不等于 0
result = num_one / num_two
print(num_one, '/', num_two, '=', result)
```

若输入除数为 0,则抛出 AssertionError 异常,执行结果如下:

请输入被除数：5
请输入除数：0
Traceback（most recent call last）：
　　File "D:/PyCharmProjects/python3book/pb3.5.py", line 3, in ＜module＞
　　assert num_two ！＝ 0, '除数不能为 0'　#assert 语句判定 num_two 不等于 0
AssertionError：除数不能为 0

## 8.4.3　异常的传递

若程序中出现的异常没有被处理，异常就会一层一层向上传递，直至最上面一层也未做处理，则会使用系统默认的方式处理——程序崩溃。

## 8.5　with 语句与上下文管理器

### 8.5.1　with 语句

with 语句适用于对资源进行访问的场合，无论资源在使用过程中是否发生异常，都可以使用 with 语句保证执行释放资源操作。语法格式如下：

with 上下文表达式 [as 资源对象]：
　　语句体

其中，上下文表达式会返回一个上下文管理器对象，若指定了 as 子句，则将上下文管理器对象的_enter_()方法的返回值赋值给资源对象。

使用 with 语句自动关闭文件代码示例如下：

with open("d:\\hello.txt", encoding='UTF-8') as hellofile：
　　s ＝ hellofile.read()　#读取 hello.txt 文本数据
　　print(s)

### 8.5.2　上下文管理器

上下文管理协议包括了_enter_()和_exit_()方法，支持该协议的对象均需要实现这两个方法。_enter_()和_exit_()方法的含义与用途如下：

（1）_enter_(self)：进入上下文管理器时调用此方法，它的返回值被放入 with-as 语句中 as 说明符指定的变量内。

（2）_exit_(self, type, value, traceback)：离开上下文管理器时调用此方法。

支持上下文管理协议的对象就是上下文管理器，这种对象实现了_enter_()和_exit_()方法。通过 with 语句即可调用上下文管理器，它负责建立运行时的上下文。

with 语句中的关键字 with 之后的表达式返回一个支持上下文管理协议的对象，也就是返回一个上下文管理器。

由上下文管理器创建，通过上下文管理器的_enter_()和_exit_()方法实现。_enter_()方法在语句体执行之前执行，_exit_()方法在语句体执行之后执行。

在开发中可以根据实际情况设计自定义上下文管理器，只需让定义的类支持上下文管理协议，并实现_enter_()与_exit_()方法即可。

自定义上下文管理器示例代码如下：

```
class OpenOperation：
    def _init_(self, path, mode)：
        self._path = path
        self._mode = mode
    def _enter_(self)：
        print('代码执行到_enter_')
        self._handle = open(self._path, self._mode)
        return self._handle
    def _exit_(self, exc_type, exc_val, exc_tb)：
        print("代码执行到_exit_")
        self._handle.close()
```

## 8.6    实践任务

### 8.6.1  实验案例 1：身份证归属地查询异常处理

**1.实验案例目标**

掌握异常处理的方法；raise 的用法。

**2.实验案例分析**

通过输入身份证的前 6 位数字，与身份证码值对照表进行比对，从而得到身份证归属地，若中途发生异常，则提示异常信息。

**3.编码实现**

```
import json

try：
    f = open("../身份证码值对照表.txt", 'r', encoding='utf-8')
    content = f.read()
    content_dict = json.loads(content)    #转换为字典类型
    address = input('请输入身份证前 6 位:')
    if len(address) ！= 6：
        raise TypeError('输入位数错误,请输入 6 位')
    for key, val in content_dict.items()：
        if key == address：
            print(val)
    f.close()
except Exception as error：
    print(error)
```

**4.运行测试**

运行代码,控制台输出结果如下:

请输入身份证前 6 位:2302

输入位数错误,请输入 6 位

## 8.6.2 实验案例 2:选购商品异常处理

**1.实验案例目标**

掌握异常处理的方法。

**2.实验案例分析**

通过键盘输入选购商品的名称和数量,若输入数量为负数,则提示异常信息,重新选择。

**3.编码实现**

```python
class QuantityError(Exception):
    def _init_(self, err="输入无效"):
        super()._init_(err)
li = []
def shopping():
    all_total = 0
    goods_dict = {"五常大米":45.00,"五丰河粉":29.90,"农家大米":45.00,"纯香香油":22.90}
    print('名称  价格')
    print('按 q 退出')
    for name,price in goods_dict.items():
        print(f"{name}  {price}¥")
    while True:
        #购物车列表
        cart_dict = {}
        #商品名称
        goods_name = input("请输入选购的商品名称:\n")
        if goods_name=='q':
            break
        #商品数量
        else:
            try:
                goods_num = int(input("请输入选购的数量:\n"))
                cart_dict['名称'] = goods_name
                cart_dict['数量'] = goods_num
                li.append(cart_dict)
                if goods_num<0:
                    raise QuantityError
            except QuantityError as error:
                print(error)
                print("商品数量默认为1")
```

```
                              cart_dict['数量'] = 1
                              judge = input("是否修改商品数量:Y or N:\n")
                              if judge == 'Y'or'y':
                                     new_goods_num = int(input("请输入商品数量:"))
                                     cart_dict['数量'] = new_goods_num
                              else:
                                     cart_dict['数量'] = 1
                   for i in li:
                         total = goods_dict[i['名称']] * i['数量']
                         all_total += total
                   print(f'总消费{all_total}元')


if _name_ == '_main_':
       shopping()
```

**4.运行测试**

运行代码,控制台输出结果如下:

```
名称          价格
按 q 退出
五常大米     45.00￥
五丰河粉     29.90￥
农家大米     45.00￥
纯香香油     22.90￥
请输入选购的商品名称:
农家大米
请输入选购的数量:
-1
输入无效
商品数量默认为1
是否修改商品数量:Y or N:
Y
请输入商品数量:2
请输入选购的商品名称:
五丰河粉

请输入选购的数量:
1
请输入选购的商品名称:
q
总消费 119.9 元


Process finished with exit code 0
```

### 8.6.3 实验案例3：上传图像格式检测异常处理

**1.实验案例目标**

掌握异常处理的方法。

**2.实验案例分析**

通过键盘输入上传图像的名称(包括后缀名)，若输入格式正确，则提示上传成功；若输入格式错误，则提示异常信息。

**3.编码实现**

```
class FileTypeError(Exception)：
    def _init_(self, err="仅支持 jpg/png/bmp 格式")：
        super()._init_(err)



file_name = input("请输入上传图片的名称(包含格式)：")
try：
    if file_name.split(".")[-1] in ["jpg", "png", "bmp"]：
        print("上传成功")
    else：
        raise FileTypeError
except Exception as error：
    print(error)
```

**4.运行测试**

输入正确图像格式，运行代码，控制台输出结果如下：

请输入上传图片的名称(包含格式)：abc.jpg

上传成功

输入错误图像格式，运行代码，控制台输出结果如下：

请输入上传图片的名称(包含格式)：abc.gif

仅支持 jpg/png/bmp 格式

**8.7 本章小结**

本章主要介绍了 Python 的错误和异常等相关知识，包括语法错误、逻辑错误、内置异常、自定义异常、捕获异常相关语句，抛出异常的 raise 语句、assert 语句、with 语句和上下文管理器等。

通过本章的学习，希望大家能够掌握 Python 编程中是如何捕获及处理异常的。

**8.8**　**习　题**

一、选择题

1.当 try 子句中的代码没有任何错误时,一定不会执行(　　)子句。

A.try　　　　　　　B.except　　　　　　C.else　　　　　　D.Finally

2.在完整的异常捕获语句中,各子句的顺序为(　)。

A.try→except→else→finally　　　　　B.try→else→except→finally

C.try→except→finally→else　　　　　D.try→else→finally→except

3.若执行代码 1/0,会引发什么异常?(　)

A.ZeroDivisionError　　　　　　　　B.NameError

C.KeyError　　　　　　　　　　　　D.IndexError

二、填空题

1.Python 中所有异常都是_____的子类。

2.无论 try-except 语句是否能捕获异常_____子句中的内容一定会执行。

# 第9章

# 模　块

学习目标

1. 理解 Python 模块的概念
2. 掌握 Python 模块化编程的方法
3. 理解 Python 包的概念
4. 掌握 Python 包的操作方法
5. 掌握第三方库(模块)的下载与安装方法
6. 掌握常见内置模块的应用方法
7. 掌握常见第三方模块的应用方法

Python模块　思政元素

## 9.1　Python 模块概述

Python 提供了强大的模块支持,不仅 Python 标准库中包含了大量的模块(称为标准模块),而且还有大量的第三方模块,开发者自己也可以开发自定义模块。通过这些强大的模块可以极大地提高开发者的开发效率。

### 9.1.1　模块的概念

模块(Modules)本质上是一个包含 Python 代码片段的.py 文件,模块名就是文件名,创建一个.py 文件,在其文件中编写功能代码并保存,就是构建了一个模块。换句话说,在前

面章节中写的所有 Python 程序,都可以作为模块。

　　模块可以比作一套模型积木,通过它可以拼出特定主题的模型,模块与函数不同,一个函数仅相当于模型中的一块积木,而一个模块(.py 文件)中可以包含多个函数,也就是很多积木,不同功能的模块组织起来就变成了模型,即程序项目。模块和函数的关系如图 9-1 所示。

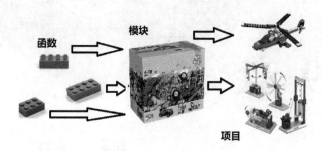

图 9-1　模块和函数关系

### 9.1.2　自定义模块及使用

　　前面已经提及,每一个 * .py 就可以认为是一个模块,下面演示一下如何自定义模块并使用。

　　(1)首先在项目中新建一个 demo.py 文件,在其中定义一个函数 say(),输出一句话。

```
# demo.py 文件
def say():
    print("实现中华民族伟大复兴是中华民族近代以来最伟大的梦想。")
```

　　(2)在相同的目录下新建一个 test.py 文件,使用 import 语句导入 demo.py,调用模块 demo 中的 say()函数。

```
# test.py 文件
import demo
demo.say()
```

输出结果为:

```
实现中华民族伟大复兴是中华民族近代以来最伟大的梦想。
```

　　(3)如果在 demo.py 文件中添加一行代码 say(),再运行 test.py,会输出两行文字。

```
# demo.py 文件
def say():
    print("实现中华民族伟大复兴是中华民族近代以来最伟大的梦想。")
say()
# test.py 文件
import demo
demo.say()
```

输出结果为:

```
实现中华民族伟大复兴是中华民族近代以来最伟大的梦想。
实现中华民族伟大复兴是中华民族近代以来最伟大的梦想。
```

　　(4)demo.py 模块中的测试函数 say()被执行了 2 次,如果要求只有直接运行 demo.py

文件时,测试函数 say()才会被执行,其他程序以导入的方式加载 demo 模块时模块内的 say()函数不被执行,那么就要使用 Python 内置的_name_变量。当直接运行一个模块时,_name_ 变量的值为'_main_',而当模块被导入其他程序中时,模块中的 _name_ 变量的值就会变成模块名。因此,如果希望测试函数只有在直接运行模块文件时才执行,则可在调用测试函数时增加条件判断,即只有当 _name_ ＝＝'_main_' 时才调用测试函数。现在对 demo.py 文件做如下修改:

```
＃demo.py 文件
def say():
    print("实现中华民族伟大复兴是中华民族近代以来最伟大的梦想。")
if _name_ ＝＝ '_main_':
    say()
if _name_ ＝＝ 'demo':
    print('demo 模块被调用了!')
```

运行 test.py,输出结果为:

demo 模块被调用了!

实现中华民族伟大复兴是中华民族近代以来最伟大的梦想。

以上例子证明了,当模块 demo 被调用时,系统变量_name_会从 '_main_' 变为模块名 'demo'。

(5)自定义模块还可以编写说明文档,例如:继续修改 demo.py 文件。

```
＃demo.py 文件
＃模块说明文档
'''
demo 模块中包含以下内容:
say() 函数
'''
def say():
    print("实现中华民族伟大复兴是中华民族近代以来最伟大的梦想。")
if _name_ ＝＝ '_main_':
    say()
if _name_ ＝＝ 'demo':
    print('本模块被调用了!')
```

在 test.py 中,可以通过 demo 模块的 _doc_ 属性,来访问 demo 模板的说明文档。示例如下:

```
＃test.py 文件
import demo
demo.say()
＃打印输出调用模块中的说明文档内容
print(demo._doc_)
```

输出结果为:

demo 模块被调用了!

实现中华民族伟大复兴是中华民族近代以来最伟大的梦想。

demo 模块中包含以下内容:

say() 函数

### 9.1.3 使用import语句导入模块

9.1.2节中，导入demo模块用的语句是'import demo'，要访问demo模块内的成员，使用模块名作为前缀，通过'demo.say()'的形式来访问模块中的成员函数say()，但实际上import还有更多详细的用法，下面进行详细介绍。

**1.import 模块名 as 别名**

这种用法的格式为：

import 模块名1[as 别名1]，模块名2[as 别名2]，…

使用这种语法格式的import语句，会导入指定模块中的所有成员（包括变量、函数、类等）。当需要使用模块中的成员时，需用该模块名或别名（as后的标识）作为前缀，否则Python解释器会报错。示例如下：

（1）分别在相同项目目录新建两个模块文件demo1.py和demo2.py。

```
#demo1.py
def foo():
    print("模块 demo1 的 foo 函数被调用!")
#demo2.py
def foo():
    print("模块 demo2 的 foo 函数被调用!")
```

（2）在相同目录新建测试程序test.py来访问模块成员。

```
#test.py
import demo1 as de1 , demo2 as de2
#使用 demo1 的别名 de1 来访问
de1.foo()
#使用 demo2 的别名 de2 来访问
de2.foo()
```

运行输出结果为：

```
模块 demo1 的 foo 函数被调用!
模块 demo2 的 foo 函数被调用!
```

如果test.py中的import语句没有为调用的模块demo1与demo2起别名，可以做如下修改，输出结果不变：

```
#test.py
import demo1 ,demo2
#使用 demo1 作为前缀来访问
demo1.foo()
#使用 demo2 作为前缀来访问
demo2.foo()
```

**2.from 模块名 import 成员名 as 别名**

这种用法的格式为：

from 模块名 import 成员名1[as 别名1]，成员名2[as 别名2]，…

使用这种语法格式的import语句，只会导入模块中指定的成员，而不是全部成员。同时，当程序中使用该成员时，无须通过前缀引用，直接使用成员名或别名即可调用。示例如下：

（1）分别在相同项目目录新建两个模块文件 demo1.py 和 demo2.py。

```
#demo1.py
def foo():
    print("模块 demo1 的 foo 函数被调用!")
#demo2.py
def foo():
    print("模块 demo2 的 foo 函数被调用!")
```

（2）在相同目录新建测试程序 test.py 来访问模块成员，因为两个模块中的成员函数的标识都为 foo，使用这种方式如果分别在头部添加"from demo1 import foo"和"from demo2 import foo"，那么先添加的引用是无效的，实际只添加了 demo2 模块的 foo 函数的引用，这种情况就必须要分别给引用的成员起别名来进行区分，示例如下：

```
#test.py
from demo1 import foo as f1
from demo2 import foo as f2
#使用别名 f1 来访问模块 demo1 的成员函数 foo()
f1()
#使用别名 f2 来访问模块 demo2 的成员函数 foo()
f2()
```

运行输出结果为：

```
模块 demo1 的 foo 函数被调用!
模块 demo2 的 foo 函数被调用!
```

在使用 from...import 语法时，可以使用"from 模块 import ＊"一次导入指定模块内的所有成员，但是不推荐使用，因为如果引入的模块中存在相同标识符的成员，则无法进行区分，容易引发调用混乱的问题。

## 9.1.4 模块文件的加载

通常情况下，当使用 import 语句导入模块后，Python 会按照以下顺序查找指定的模块文件：当前目录，即当前执行的程序文件所在目录→Python 环境变量下定义的每个目录→Python 默认的安装目录，如果在三个目录都无法正确加载模块文件，Python 解释器报错：ModuleNotFoundError:No module named '模块名'。

因为模块与调用程序都在同一目录，所以加载是不会出问题的，现在开始探讨一下非相同目录的模块的加载调用问题。假设在 D:\python_module 目录中有一个模块文件 demo.py，如图 9-2 所示。

| | 名称 ^ | 修改日期 | 类型 | 大小 |
|---|---|---|---|---|
| | demo.py | 2021/7/26 15:46 | Python File | 1 KB |

图 9-2　不同目录的模块文件

demo.py 代码如下：

```
def say():
    print("demo 模块被调用!")
if _name_ == '_main_':
    say()
```

如果位于不同目录的程序要调用该模块,可以使用以下办法:

**1.拷贝模块文件到系统支持的目录中**

在程序 test.py 中可以输入以下语句来查看当前支持的安装目录:

```
import sys
print(sys.path)
```

输出结果为:

```
['D:\\JetBrains\\PyCharm 2020.1.3\\plugins\\python\\helpers\\pydev',
'D:\\JetBrains\\PyCharm 2020.1.3\\plugins\\python\\helpers\\pycharm_display',
'D:\\JetBrains\\PyCharm 2020.1.3\\plugins\\python\\helpers\\third_party\\thriftpy',
'D:\\JetBrains\\PyCharm 2020.1.3\\plugins\\python\\helpers\\pydev',
'C:\\Users\\tanxi\\AppData\\Local\\Programs\\Python\\Python37\\python37.zip',
'C:\\Users\\tanxi\\AppData\\Local\\Programs\\Python\\Python37\\DLLs',
'C:\\Users\\tanxi\\AppData\\Local\\Programs\\Python\\Python37\\lib',
'C:\\Users\\tanxi\\AppData\\Local\\Programs\\Python\\Python37',
'D:\\PyCharmProjects\\chapter09\\venv',
'D:\\PyCharmProjects\\chapter09\\venv\\lib\\site-packages',
'D:\\JetBrains\\PyCharm 2020.1.3\\plugins\\python\\helpers\\pycharm_matplotlib_backend',
'D:\\PyCharmProjects\\chapter09',
'D:/PyCharmProjects/chapter09']
```

这些输出内容为 Python 默认的模块加载路径,把模块文件 demo.py 拷贝到以上任意一个目录里面,如图 9-3 所示,程序 test.py 就可以调用该模块的成员。

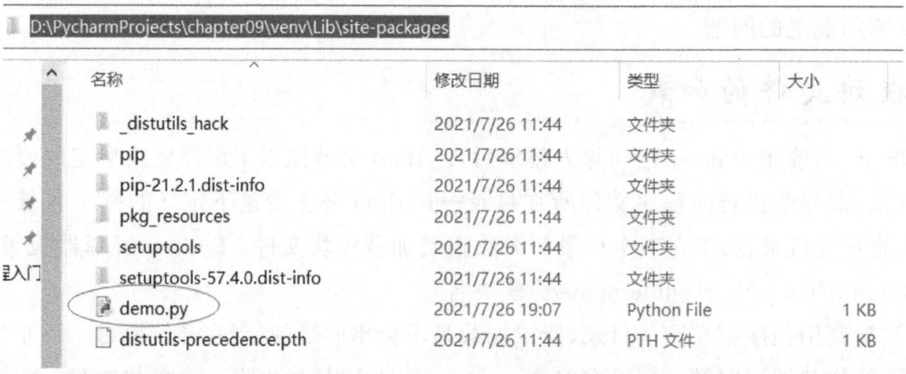

图 9-3 Python 系统目录

修改 test.py 代码如下:

```
import sys,demo
# print(sys.path)
demo.say()
```

输出结果为:

```
demo 模块被调用!
```

**2.在系统支持的目录中临时添加模块完整路径**

如果不想拷贝模块文件,可以在调用该模块的时候,通过向 sys.path 中添加 D:\python_module(demo.py 所在目录),也可以实现不同目录的模块加载,修改 test.py 代码如下:

```
import sys,demo
♯添加想调用的模块所在目录到系统目录列表中
♯在添加完整路径中,路径中的 '\' 需要使用 \ 进行转义,否则会导致语法错误
sys.path.append('D:\\python_module')
♯ print(sys.path)
demo.say()
```

输出结果为:

```
demo 模块被调用!
```

**3.设置 Python 环境变量**

在系统环境变量中设置 Python 环境变量,在指定路径后,Python 解释器会按照 Python 环境变量中包含的路径进行搜索,如果找到指定要加载的模块,就可以实现不同目录的模块加载。下面以 Windows 10 操作系统为例,讲解设置 Python 环境变量的操作步骤:

(1)在桌面上的"计算机"或者"我的电脑"处单击鼠标右键,选择"属性",此时会显示"关于"窗口,单击该窗口左边栏中的"高级系统设置"菜单,出现"系统属性"对话框(也可以从控制面板的系统→高级系统设置进入),如图 9-4 所示。

图 9-4 系统属性对话框

(2)单击"环境变量"按钮后,在弹出的窗口中选择如图 9-5 所示的新建按钮。

图 9-5  新建系统环境变量对话框

(3)在弹出的对话框中新建环境变量参数如图 9-6 所示,在"变量名"文本框内输入 PYTHONPATH,建立名为 PYTHONPATH 的环境变量;在"变量值"文本框内输入 . ; d:\python_ module。注意:这里其实包含两个参数(以分号 ;作为分隔符),第一个参数为一个点".",表示当前路径,当运行 Python 程序时,可以从当前路径加载模块;第二个参数为 "d:\python_ module",表示 Python 程序可以从 d:\python_ module 目录中加载模块。设置完成后单击"确定"按钮关闭对话框,d:\python_ module 目录下的 demo 模块就能被成功加载。

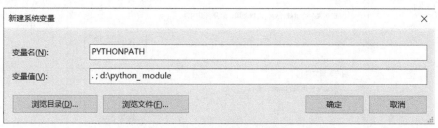

图 9-6  新建环境变量参数对话框

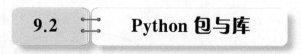

## 9.2  Python 包与库

一个项目往往需要用到非常多的 Python 模块,如果将这些模块无序杂乱地堆放在一处,项目管理会比较困难。虽然使用模块可以通过 import 语句解决成员标识重名引发的冲突,但是如果模块名重复就无能为力了。因此,Python 提出了包(Package)与库(Library)的概念。

## 9.2.1 包的组成

简单地说，Python 中的包是以目录形式组织起来的、具有层级关系的多个模块。Python 包中可以包含子包，将模块放入一个文件夹，并在该文件夹中创建_init_.py 文件，就构建了一个 Python 包。_init_.py 文件的作用是让一个呈结构化分布（以文件夹形式组织）的代码文件夹变成可以被导入 import 的软件包。Python 2.x 版本规定包中必须要有_init_.py文件，而在 Python 3.x 版本中，_init_.py 文件对包来说是可选的，有或者没有都可以。

在成功安装第三方库 wordcloud 之后可以在项目的 Lib\site-packages 目录下找到名为wordcloud 的文件夹，它就是一个包，它所包含的内容如图 9-7 所示。

图 9-7  wordcloud 文件夹

## 9.2.2 包的导入

不管是自定义的包或者从网络下载的第三方包，导入包方法可归结为以下几种：

(1)import 包名[.模块名 [as 别名]]

(2)from 包名 import 模块名 [as 别名]

(3)from 包名.模块名 import 成员名 [as 别名]

下面用一个例子来进行演示如何进行 Python 包的导入：

(1)依照图 9-8 所示构建项目并新建模块文件。

图 9-8  构建项目

（2）各个被调用的模块 demo1.py、demo2.py、demo3.py 的代码如下：

```
#demo1.py 代码：
def foo()：
    print("模块 demo1 的 foo 函数被调用!")


#demo2.py 代码：
def foo()：
    print("模块 demo2 的 foo 函数被调用!")


#demo3.py 代码：
def foo()：
    print("模块 demo3 的 foo 函数被调用!")
```

（3）在 test.py 中分别导入各个包中的模块，代码如下：

```
#test.py 代码：
#包导入方式一：import 包名[.模块名 [as 别名]]
import pack1.demo1
#包导入方式二：from 包名 import 模块名 [as 别名]
from pack2 import demo2
#包导入方式三：from 包名.模块名 import 成员名 [as 别名]
from pack1.pack3.demo3 import foo as f3


#访问模块中的成员
pack1.demo1.foo()
demo2.foo()
f3()
```

输出结果为：

```
模块 demo1 的 foo 函数被调用!
模块 demo2 的 foo 函数被调用!
模块 demo3 的 foo 函数被调用!
```

如果使用的 Python 版本为 2.x，则需要在每个包下面放一个_init_.py 文件，如图 9-9 所示，运行效果不变。

图 9-9　_init_.py 项目结构

### 9.2.3　Python 库简介

相比模块和包,库(Library)是一个更大的概念,Python 标准库中的每个库都有好多个包,而且每个包中都有若干个模块。

Python 库分为标准库与第三方库,Python 标准库是随 Python 附带安装的,标准库所提供的内置模块,可以为日常编程中遇到的问题提供标准解决方案,如前面章节中的文件 I/O;而第三方库则是需要通过另外下载安装获得,第三方库包含大量的功能模块,使用方式与标准库类似,它们的功能覆盖网络爬虫、数据分析、文本处理、数据可视化、图形用户界面、机器学习、Web 开发、网络应用开发、游戏开发、虚拟现实、图形艺术等多个领域,这些数量庞大的第三方库是 Python 语言可以保持活力和高效的重要因素。

### 9.2.4　第三方库的下载与安装

下载、安装第三方库,需要使用到 Python 自带的包管理工具 pip,pip 提供了对 Python 包的查找、下载、安装、卸载的功能。

在正确安装 Python 的前提下,可以在控制台直接输入 pip show pip 指令来查看 pip 的版本,如图 9-10 所示。

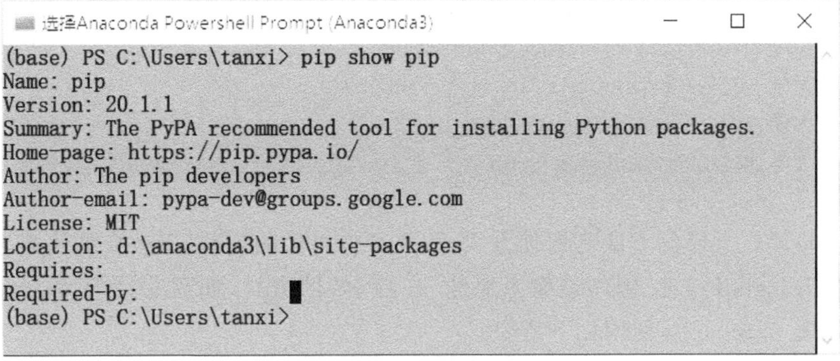

图 9-10　查看 pip 版本

有时候安装第三方库需要 pip 为最新的版本,可以使用 python -m pip install -U pip 指令升级当前的 pip,安装成功会提示卸载了旧版本并且安装了最新版本的 pip,如图 9-11 所示。

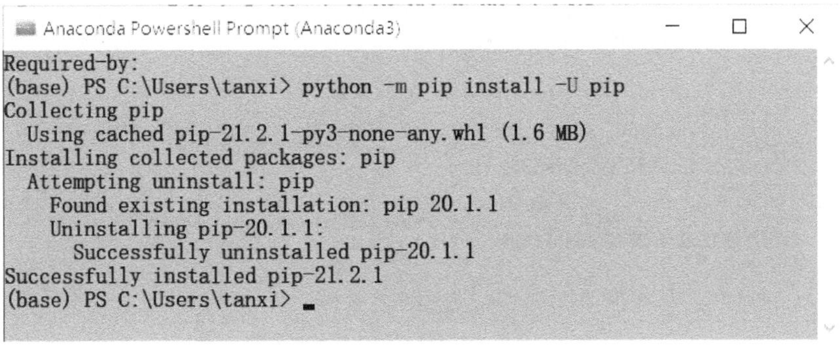

图 9-11　升级 pip 版本

查看当前系统已安装的第三方库,可以使用 pip list 指令,如图 9-12 所示。

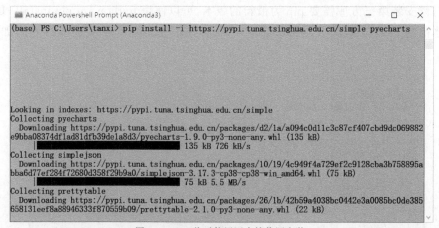

图 9-12　显示已安装的第三方库

安装第三方库使用的指令为 pip install 模块名，当 pip 使用 install 作为参数时，后面的模块名不能省略。由于 pip 默认下载用的服务器镜像地址是 https://pypi.org/simple，服务器在海外，有时下载速度非常慢，为了提高下载速度，建议更换为国内的服务器镜像。下面是比较常用的国内服务器镜像 url：

清华：https://pypi.tuna.tsinghua.edu.cn/simple

阿里云：http://mirrors.aliyun.com/pypi/simple/

中国科技大学 https://pypi.mirrors.ustc.edu.cn/simple/

华中理工大学：http://pypi.hustunique.com/

山东理工大学：http://pypi.sdutlinux.org/

豆瓣：http://pypi.douban.com/simple/

在线安装第三方库的方法有两种方式，如果是临时性的安装（不改变默认服务器镜像），可以使用"pip install -i ＋ 国内镜像源地址 ＋ 库名"的方式，如图 9-13 所示。安装可视化图表第三方库 pyecharts，使用如下指令：

pip install -i https://pypi.tuna.tsinghua.edu.cn/simple pyecharts

```
Anaconda Powershell Prompt (Anaconda3)                                          —   □   ✕
(base) PS C:\Users\tanxi> pip install -i https://pypi.tuna.tsinghua.edu.cn/simple pyecharts




Looking in indexes: https://pypi.tuna.tsinghua.edu.cn/simple
Collecting pyecharts
  Downloading https://pypi.tuna.tsinghua.edu.cn/packages/d2/1a/a094c0d11c3c87cf407cbd9dc069882
e9bba08374df1ad81dfb39de1a8d3/pyecharts-1.9.0-py3-none-any.whl (135 kB)
    ▌▌▌▌▌▌▌▌▌▌▌▌▌▌▌▌▌▌▌▌▌▌▌▌▌▌▌ 135 kB 726 kB/s
Collecting simplejson
  Downloading https://pypi.tuna.tsinghua.edu.cn/packages/10/19/4c949f4a729ef2c9128cba3b758895a
bba6d77ef284f72680d358f29b9a0/simplejson-3.17.3-cp38-cp38-win_amd64.whl (75 kB)
    ▌▌▌▌▌▌▌▌▌▌▌▌▌▌▌▌▌▌▌▌▌▌▌▌▌▌▌ 75 kB 5.5 MB/s
Collecting prettytable
  Downloading https://pypi.tuna.tsinghua.edu.cn/packages/26/1b/42b59a4038bc0442e3a0085bc0de385
658131eef8a88946333f870559b09/prettytable-2.1.0-py3-none-any.whl (22 kB)
```

图 9-13　pip 临时使用国内镜像源安装

如果打算永久改变默认服务器镜像，换为国内镜像源的（不需要每次 pip 安装的时候添加-i 参数），以 Windows 10 操作系统为例，在当前用户目录中创建一个 pip 目录，并新建

pip.ini 文件,如图 9-14 所示。

| 名称 | 修改日期 | 类型 | 大小 |
|------|---------|------|------|
| pip.ini | 2021/7/27 0:21 | 配置设置 | 1 KB |

Windows-SSD (C:) > 用户 > tanxi > pip

图 9-14　新建 pip.ini 目录

在 pip 文件中添加如下内容:

［global］
timeout ＝ 1000
index-url ＝ https://pypi.tuna.tsinghua.edu.cn/simple
［install］
trusted-host＝pypi.tuna.tsinghua.edu.cn

安装可以用于中文文本分词的第三方库 jieba,使用如下指令:

pip install jieba

图 9-15,已经更换为国内的镜像源进行安装。

```
Anaconda Powershell Prompt (Anaconda3)                              —    □    ×

(base) PS C:\Users\tanxi> pip install jieba
Looking in indexes: https://pypi.tuna.tsinghua.edu.cn/simple
Collecting jieba
  Using cached https://pypi.tuna.tsinghua.edu.cn/packages/c6/cb/18eeb235f833b726522d7ebed54f2278ce28ba943
8e3135ab0278d9792a2/jieba-0.42.1.tar.gz (19.2 MB)
Building wheels for collected packages: jieba
  Building wheel for jieba (setup.py) ... done
  Created wheel for jieba: filename=jieba-0.42.1-py3-none-any.whl size=19314481 sha256=3bae36e5b4e99973b0
fdcfd597c18fef4103c117c00e9dfd65898d645b3ecad9
  Stored in directory: c:\users\tanxi\appdata\local\pip\cache\wheels\f3\30\86\64b88bf0241f0132806c61b1e26
86b44f1327bfc5642f9d77d
Successfully built jieba
Installing collected packages: jieba
Successfully installed jieba-0.42.1
(base) PS C:\Users\tanxi> _
```

图 9-15　pip 永久使用国内镜像源安装

使用 pip install 安装第三方库,一般默认是选择安装镜像源中提供的最新版本,如果项目需要指定的版本,可以使用"pip install 库名＝＝版本号"的指令格式,例如下载安装 scikit-learn 的 0.18.0 版本,代码如下:

pip install scikit-learn＝＝0.18.0

如果安装的第三方库有兼容性问题,可以使用"pip uninstall 库名"指令来进行卸载,例如卸载刚才安装的 scikit-learn,代码如下:

pip uninstall scikit-learn

## 9.3　实践任务

### 9.3.1　实验案例 1:使用 turtle 标准库绘制五角星

问题:使用 Python 自带的 turtle 标准库绘制如下图所示的五角星,并写上签名。

**1.实验案例目标**

了解字典类型的特点；掌握字典类型的基本操作；理解 Python 模块的概念；掌握 Python 模块化编程的方法；理解 Python 包的概念；掌握 Python 包的操作方法；掌握常见内置模块的应用方法。

**2.实验案例分析**

首先设置好画笔的粗细与颜色、填充颜色，调用成员函数 forward()画线条，其次利用函数 left()或者 right()偏转角度 144 度，如此循环 5 次即可绘制成功。

**3.编码实现**

首先使用 pip 安装 0.5.11 版本的 pyecharts 库(提示：1.9 版本的和 0.x 版本的是两个不同的系列)。

pip install pyecharts==0.5.11

其次编写如下代码：

```
import turtle as t
t.pensize(5) ＃设置画笔粗细
t.pencolor("yellow") ＃设置画笔颜色
t.fillcolor("red") ＃设置填充颜色
t.begin_fill() ＃绘制带填充的包围开始
for _ in range(5):
    t.forward(200) ＃向前绘制 200 像素
    t.right(144) ＃右偏转 144 度
t.end_fill() ＃绘制带填充的包围结束
t.penup() ＃提起画笔
t.goto(-150, -120) ＃移动
＃签上自己的名字
t.pencolor("black") ＃设置画笔颜色
t.write("作者：张三", font=('Arial', 20, 'normal')) ＃写文本
t.mainloop() ＃主函数循环,不关闭画板
```

**4.运行测试**

运行代码，输出结果如下：

作者：张三

## 9.3.2 实验案例 2：使用 pyecharts 绘制柱形图

问题：使用第三方 pyecharts 库来绘制如下图样式的图表。

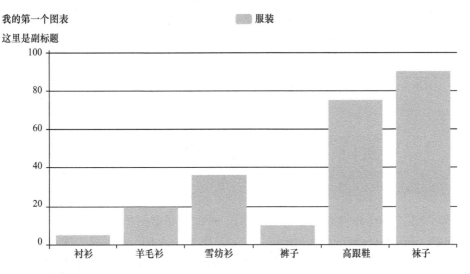

**1.实验案例目标**

理解 Python 模块的概念；掌握 Python 模块化编程的方法；理解 Python 包的概念；掌握 Python 包的操作方法；掌握第三方库（模块）的下载与安装方法；掌握常见第三方模块的应用方法。

**2.实验案例分析**

使用 pyecharts 绘制单变量垂直条形图，可以使用 bar 模块中的 add()函数添加图表的数据和设置各种配置项；使用 render()函数在根目录下生成一个 render.html 的文件，也可以设置 path 参数定义文件保存位置。

**3.编码实现**

```
from pyecharts import Bar
# 初始化 Bar 柱状图的绘制空间
bar = Bar("我的第一个图表","这里是副标题")
bar.add("服装",["衬衫","羊毛衫","雪纺衫","裤子","高跟鞋","袜子"],[5,20,36,10,75,90])
bar.render()   # 生成本地 HTML 文件,可以用浏览器查看
```

**4.运行测试**

运行代码,会生产一个 rend.Html 文件,使用浏览器打开后,效果如下:

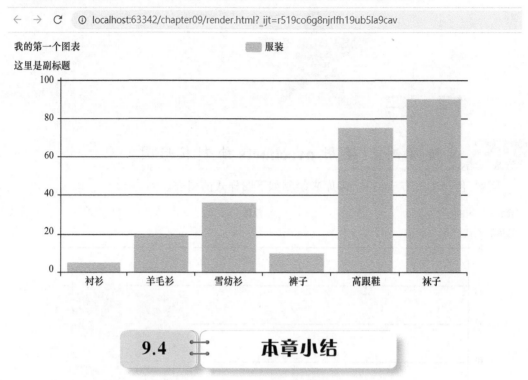

## 9.4    本章小结

本章简单介绍了 Python 模块与包的相关知识,并介绍了常用的内置 Python 库和一些第三方库,包括 time 库、random 库、turtle 库、jieba 库和 wordcloud 库等。通过本章的学习,希望读者能对常用的 Python 库有所了解,掌握构建 Python 模块化开发程序的方法。

## 9.5    习  题

**一、填空题**

1.每一个 * .py 就可以认为是一个_____。

2.Python 中的_____是以目录形式组织起来的、具有层级关系的多个模块。

3.使用的 Python 版本为 2.x,则需要在每个包下面放一个_____文件。

**二、简答题**

1.简述 import 语句导入模块的方式有哪些。

2.pip 安装、卸载第三方库的指令是什么?

三、编程题

使用 turtle 标准库函数绘制一个正六边形,边长为 200 像素,效果如下图所示。

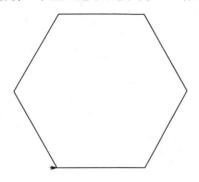

# 第 10 章

# 类与面向对象

学习目标

1.理解面向对象的概念以及类和对象的含义
2.掌握类的定义与使用方法,熟练创建对象、访问对象成员
3.掌握类的属性和方法以及构造方法和析构方法的使用
4.熟悉类方法和静态方法的定义与使用
5.理解面向对象的三大特性:封装、继承、多态,并能将其熟练地运用到程序开发中

思政元素

## 10.1　面向对象概述

面向对象是程序开发领域的重要思想,这种思想模拟了人类认识客观世界的逻辑,是当前计算机软件工程学的主流方法;类是面向对象的实现手段。Python 在设计之初就已经是一门面向对象语言,了解面向对象编程思想对于学习 Python 开发是非常重要的。

### 10.1.1　面向对象概述与编程思想

面向对象思想模拟了人类认识客观世界的思维方式,将开发中遇到的事物皆看作对象。面向对象和面向过程的编程思想是不同的,具体的区别见表 10-1。

**表 10-1**　　　　　　　　　　面向过程和面向对象编程思想区别

| 编程思想 | 问题实现思路 | 优、缺点 |
|---|---|---|
| 面向过程 | 分析解决问题的步骤<br>使用函数实现步骤相应的功能<br>按照步骤的先后顺序依次调用函数<br>核心是"过程"二字，过程指的是解决问题的步骤，比如设计一条流水线，是一种机械式的思维方式 | 优点：将复杂的问题流程化，进而简单化<br>缺点：扩展性差 |
| 面向对象 | 首先从问题之中提炼出问题涉及的角色<br>将不同角色各自的特征和关系进行封装<br>以角色为主体，通过描述角色的行为去描述解决问题的过程<br>核心是"对象"二字，是特征和行为的结合体 | 优点：可扩展性高<br>缺点：编程复杂度高 |

从表 10-1 的区别可知，面向过程编程思想只考虑如何解决当前问题，它只注重解决问题本身，基本设计思路就是程序一开始是要着手解决一个大的问题，然后把一个大问题分解成很多个小问题或子过程，这些子过程在执行的过程中再继续分解直到小问题足够简单到可以在一个小步骤范围内解决。

面向对象编程思想考虑角色以及角色之间的联系，注重解决一类复杂问题。一般认为，如果你只是写一些简单的脚本，去做一些一次性任务，建议用面向过程的方式，但如果你要处理的任务是复杂的，且需要不断迭代和维护的，建议用面向对象比较合适。

下面以五子棋为例说明面向过程和面向对象编程的区别，见表 10-2。

**表 10-2**　　　　　　　　　五子棋面向过程和面向对象编程的区别

| 编程思想 | 五子棋实现过程 | 假设流程变更（加入悔棋功能） |
|---|---|---|
| 面向过程 | 开始游戏<br>绘制棋盘画面<br>落黑子<br>绘制棋盘落子画面<br>判断输赢<br>落白子<br>绘制棋盘落子画面<br>判断输赢：赢则结束游戏，否则返回步骤 | 改动会涉及游戏的整个流程，输入、判断、显示这一系列步骤都需要修改<br>可扩展性和可维护性差 |
| 面向对象 | 五子棋游戏中的角色分为：玩家、棋盘和规则系统。不同的角色负责不同的功能，例如：<br>玩家：黑白双方，负责决定落子的位置<br>棋盘：负责绘制当前游戏的画面，向玩家反馈棋盘的状况<br>规则系统：负责判断游戏的输赢 | 由于棋盘状况由棋盘角色保存，只需要为棋盘角色添加回溯功能即可实现更简单<br>可扩展性和可维护性强 |

通过表 10-2 比较可知，面向过程每个步骤的操作都可以封装为一个函数，按以上步骤逐个调用函数，即可实现一个五子棋游戏。面向对象把解决问题的事物分为多个对象，对象具备解决问题过程中的行为。

面向对象角色之间相互独立、相互协作，游戏过程中的流程不是由一个单一函数来实现，而是通过调用与角色相关的方法来实现。

面向对象保证了功能的统一性，基于面向对象实现的代码更容易维护，相对来说，面向对象程序中对业务流程变更或者功能的扩展对整体流程的影响更小。

### 10.1.2 面向对象的基本概念

面向对象设计与开发涉及对象、类、抽象、封装、继承、多态等基本概念。下面进行详细介绍。

**1.对象**

对象是现实世界中可描述的事物，它可以是有形的也可以是无形的，从一辆车到一家汽车工厂，从单个整数到繁杂的序列等都可以称为对象。对象既可以是具体的物理实体的事务，也可以是人为的概念，如一名学生、一所学校、一辆汽车、一个交易场景。

对象是构成世界的一个独立单位，它由数据和作用于数据的操作构成一个独立整体。其中，数据是指描述事物的属性，数据的操作是指体现事物的行为。

在面向对象程序设计中，对象包含两个含义：一个是数据，另外一个是动作。对象则是数据和动作的结合体。对象不仅能够进行操作，同时还能够及时记录下操作结果。

**2.类**

从具体的事物中把共同的特征抽取出来，形成一般的概念称为归类，忽略事物的非本质特征，关注与目标有关的本质特征，找出事物间的共性，抽象出一个概念模型，就是定义一个类。

类是具有相同特性（数据元素）和行为（功能）的对象的抽象。因此，对象的抽象是类，类的具体化就是对象，也可以说类的实例是对象，类实际上就是一种数据类型。类具有属性，它是对象的状态的抽象，用数据结构来描述类的属性。类具有操作，它是对象的行为的抽象，用操作名和实现该操作的方法来描述。

在面向对象的方法中，类是具有相同属性和行为的一组对象的集合，它提供一个抽象的描述，其内部包括属性和方法两个主要部分，它就像一个模具，可以用它铸造一个个具体的铸件。

**3.抽象**

抽象是抽取特定实例的共同特征，形成概念的过程。例如：轿车、卡车、客车、工程车等，抽取出它们共同特性就得出"车"这一类，那么得出"车"概念的过程，就是一个抽象的过程。

抽象主要是为了降低复杂度，它强调主要特征，忽略次要特征，得到较简单的概念，从而让人们能够控制其过程或以综合的角度来了解许多特定的事态。

**4.封装**

封装是面向对象的核心思想，将对象的属性和行为封装起来，不需要让外界知道具体实现细节，这就是封装思想。

封装是将数据和代码捆绑到一起，对象的某些数据和代码可以是私有的，不能被外界访问，以此实现对数据和代码不同级别的访问权限。防止程序相互依赖而带来的变动影响，面向对象的封装比传统语言的封装更为清晰、更为有力，有效实现了两个目标：对数据和行为的包装和信息隐藏。

**5.继承**

继承描述的是类与类之间的关系，通过继承，新生类可以在无须赘写原有类的情况下，对原有类的功能进行扩展。

继承性是子类自动共享父类数据结构和方法的机制，这是类之间的一种关系。在定义和实现一个类的时候,可以在一个已经存在的类的基础之上来进行,把这个已经存在的类所定义的内容作为自己的内容,并加入若干新的内容。比如汽车类(父类)和轿车类(子类)之间的继承关系。

采用继承性,提供了类的规范的等级结构,使所建立的软件具有开放性、可扩充性。通过类的继承关系,简化了对象、类的创建工作量,增加了代码的可重用性,使公共的特性能够共享,提高了软件的重用性。

### 6.多态

多态是指相同的操作或函数、过程可作用于多种类型的对象上并获得不同的结果。不同的对象收到同一消息可以产生不同的结果,这种现象称为多态性。

多态性允许每个对象以适合自身的方式去响应共同的消息。多态性增强了软件的灵活性和重用性。

例如:笔记本电脑通常具备使用 USB 设备的功能。在生产时,笔记本都预留了可以插入 USB 设备的 USB 接口,但具体是什么 USB 设备,笔记本厂商并不关心,只要符合 USB 规格的设备都可以。当用户插入 USB 接口类型的鼠标、键盘和 U 盘时,它们呈现的功能是不一样的,这就是多态的体现。

封装、继承、多态是面向对象程序设计的三大特征,它们的关系如图 10-1 所示。

掌握面向对象程序设计思想的关键是深刻理解这三大特征。

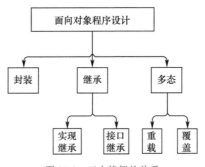

图 10-1 三大特征的关系

## 10.2 类与对象

类与对象

### 10.2.1 类与对象的关系

面向对象的思想中提出了两个概念:类和对象。类是对多个对象共同特征的抽象描述,它是对象的模板。对象用于描述现实中的个体,它是类的实例。下面通过日常生活中的常见场景来解释类和对象的关系。

汽车是人类出行的交通工具之一,厂商在生产汽车之前会先分析用户需求,设计汽车模型,制作设计图样,设计图通过之后工厂再依照图样批量生产汽车。

设计图样描述了汽车的各种属性和功能,比如汽车发动机、车架、方向盘、变速器等部件,同时包含汽车的制动、加速、倒车等操作。汽车的设计图和产品之间的关系如图 10-2 所示。

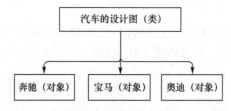

图 10-2　汽车的设计图(类)和产品(对象)之间的关系

图 10-2 中的汽车设计图就是抽象出的类,具体汽车产品是对象,因此,由于不同产品来自于同一个图纸,它们具有许多共同的特性。

### 10.2.2　类的定义与访问

类是用来创建对象的,创建之前需要先定义。类中可以定义数据成员和成员函数,数据成员用于描述对象特征,成员函数用于描述对象行为,其中数据成员也被称为类属性,成员函数也被称为类方法。下面介绍如何定义类以及访问类的成员。

类的定义格式如下:

```
class 类名:                ＃使用 class 定义类
    属性名 ＝ 属性值         ＃定义类的属性
    def 方法名(self):        ＃定义类的方法
        方法体
```

上述格式中 class 是定义类的关键字,class 后的类名是自定义的类的标识符,类名后的冒号是必须添加的,类名首字母一般建议为大写。类中的属性和方法都是类的成员,其中属性就是定义的变量,包括基本数据类型和复合数据类型,方法就是定义的函数。需要注意的是,方法中有一个指向对象的默认参数 self。

下面定义一个 Car 类,示例代码如下:

```
class  Car:                    ＃使用 class 定义 Car 类
    wheels = 4                 ＃定义类的车轮属性
    def  drive(self):          ＃定义 Car 的开车方法
        print("开车方法")
    def  stop(self):           ＃定义 Car 的停车方法
        print("停车方法")
```

上述代码定义了一个小汽车类 Car,该类包含了一个描述车轮数量的属性 wheels,还包含了两个方法,分别是描述开车方法的 drive()和停车方法的 stop()方法。

### 10.2.3　对象的创建与访问

类定义完成后不能直接使用,这就好比设计了一辆车的设计图纸,此图纸只能帮助人们了解车的结构,但不能提供具体车的产品。为满足用车需求,需要根据车的设计图纸生产实际的车辆。同理,程序中的类需要实例化为对象才能实现其意义。

**1.对象的创建**

创建对象的格式如下:

对象名 = 类名()

例如,创建一个汽车 Car 类的具体对象 myCar,示例代码如下:

myCar = Car()

**2.访问对象成员**

若想在程序中真正地使用对象,需掌握访问对象成员的方式。对象成员分为属性和方法,它们的访问格式分别如下:

对象名.属性                    ♯访问对象属性
对象名.方法()                  ♯访问对象方法

使用上述格式访问 Car 类对象 myCar 的成员,示例代码如下:

Print(myCar.wheels)           ♯访问并打印 myCar 的属性 wheels
myCar.drive()                 ♯访问 myCar 的方法 drive()
myCar.stop()                  ♯访问 myCar 的方法 stop()

输出结果为:

4
开车方法
停车方法

## 10.2.4 访问限制

类中定义的属性和方法默认为公有属性和方法,该类的对象可以任意访问类的公有成员。根据类的封装思想,类中的属性和方法不应该轻易被外部访问。为了契合封装原则,保证类中的代码不被外部代码轻易访问,Python 支持将类中的成员设置为私有成员,在一定程度上限制对象对类成员的访问。

**1.定义私有成员**

Python 通过在类成员名之前添加下划线(_)来限制成员的访问权限,语法格式如下:

_属性名
_方法名

例如,定义一个包含私有属性_name 和私有方法_info()的类 StudentInfo。示例代码如下:

```
class StudentInfo:
    _name = '张三'   ♯私有属性
    def _info(self):   ♯私有方法
        print(f"我的名字是:{_name}")
```

**2.私有成员访问**

创建 StudentInfo 类的对象 student,通过该对象访问类的属性,示例代码如下:

student = StudentInfo()

student._name

运行代码,程序输出错误提示消息如下:

AttributeError:'StudentInfo' object has no attribute '_name'

注释:访问私有属性的代码,在程序中添加访问类中私有方法的代码如下:

student._info()

运行代码,输出以下错误提示信息:

AttributeError:'StudentInfo' object has no attribute '_info'

结论:由以上展示的错误信息可以判断,对象无法直接访问类的私有成员。

下面介绍如何在类内部访问私有属性和私有方法。

(1)访问私有属性

私有属性可在公有方法中通过指代对象本身的默认参数"self"访问,类外部可通过公有方法间接获取类的私有属性。以类 StudentInfo 为例,在其方法中添加访问私有属性 _name的代码,示例代码如下:

```
class StudentInfo:
    _name = 张三   #私有属性
    def get_name(self):
        print(f'我的名字是:{self._name})
```

创建 StudentInfo 类的对象 Student,访问公有方法 get_name(),代码如下:

```
student = StudentInfo()
student.get_name()
```

输出结果为:

我的名字是:张三

(2)访问私有方法

私有方法同样在公有方法中通过参数"self"访问。修改 StudentInfo 类,在私有方法 _info()中通过 self 参数访问私有属性_name,并在公有方法 get_name()中通过 self 参数访问私有方法_info(),示例代码如下:

```
class StudentInfo:
    _name = '张三'   #私有属性
    def _info(self):   #私有方法
        print(f'姓名:{self._name}')
    def get_name(self):
        print(f'我的名字是:{self._name}')
        self._info()
```

创建 StudentInfo 类的对象 student,访问公有方法 get_weight(),代码如下:

```
student = StudentInfo()
student.get_name()
```

输出结果为:

我的名字是:张三
姓名:张三

## 10.3　构造方法与析构方法

类中有两个特殊的方法:构造方法_init_()和析构方法_del_(),这两个方法分别在类创建和销毁时自动调用。

## 10.3.1 构造方法

每个类都有一个默认的_init_()方法。如果定义类时显式地定义_init_()方法,那么创建对象时 Python 解释器会调用显式定义的_init_()方法;如果定义类时没有显式定义_init_()方法,那么 Python 解释器会调用默认的_init_()方法。

_init_()方法按照参数的有无(self 除外)可分为无参构造方法和有参构造方法。无参构造方法中可以为属性设置初始值,此时使用该方法创建的所有对象都具有相同的初始值。有参构造方法中可以使用参数为属性设置初始值,此时使用该方法创建的所有对象都具有不同的初始值。

如果希望每次创建的对象都具有不同的初始值,则可以使用有参构造方法实现。

例如,定义一个类 Student,在该类中显式地定义一个带有 3 个参数的_init_()方法。示例代码如下:

```
# 构造方法
class Student(object):
    def _init_(self, name, sex):    # 有参构造方法
        self.name = name    # 添加属性 name
        self.sex = sex    # 添加属性 sex
    def info(self):
        print(f'姓名:{self.name}')
        print(f'性别:{self.sex}')
```

上述 Student 类代码中定义了一个包含 3 个参数的构造方法,通过参数 name 和 sex 为属性 name 和 sex 进行赋值,最后在 info()方法中访问 name 和 sex 的值。

因为定义的构造方法中需要接收 2 个实际的参数,所以在实例化 Student 类对象时需要传入 2 个实际参数,示例代码如下:

```
student = Student('小明','男')
student.info()
```

输出结果为:

```
姓名:小明
性别:男
```

总结:在类中定义的属性是类属性,可以通过对象或类进行访问;在构造方法中定义的属性是实例属性,只能通过对象进行访问。

## 10.3.2 析构方法

在创建对象时,系统自动调用_init_()方法;在对象被清理时,系统会自动调用一个_del_()方法,这个方法就是类的析构方法。

在介绍析构方法之前,先来了解 Python 的垃圾回收机制。Python 中的垃圾回收主要采用的是引用计数。引用计数是一种内存管理技术,它通过引用计数器记录所有对象的引用数量,当对象的引用计数器数值为 0 时,就会将该对象视为垃圾进行回收。getrefcount()函数是 sys 模块中用于统计对象引用数量的函数,其返回结果通常比预期的结果大 1。这是因为 getrefcount()函数也会统计临时对象的引用。

当一个对象的引用计数器数值为 0 时,就会调用_del_()方法,这个方法就是类的析构方法,下面通过一个示例进行演示,示例代码如下:

```
# 析构方法
import sys
class Destruction:
    def _init_(self):
        print('对象被创建!')
    def _del_(self):
        print('对象被释放!')
```

上述代码定义了包含构造方法和析构方法的 Destruction 类,其中构造方法在创建 Destination 类的对象时打印"对象被创建!",析构方法在销毁 Destination 类的对象时打印"对象被释放!"。

创建 destruction 对象,调用 getrefcount()函数返回 Destination 类的对象的引用计数器的值,代码如下:

```
destruction = Destruction()
print(sys.getrefcount(destruction))
```

输出结果为:

```
对象被创建!
对象被释放!
2
```

从输出结果可以看出,对象被创建以后,其引用计数器的值变为 2,由于返回引用计数器的值时会增加一个临时引用,因此对象引用计数器的实际值为 1。

## 10.4　类方法与静态方法

类中的方法可以有三种定义形式:一是像前面定义 Car()类中的 drive()、stop()一样直接定义;二是实例方法,这种方法只比普通函数多一个 self 参数,也是类最基本的方法,只能通过类实例化的对象调用;三是在类中使用@classmethod 修饰的类方法和@staticmethod 进行修饰的静态方法。下面分别介绍类方法和静态方法。

### 10.4.1　类方法

类方法与实例方法的区别见表 10-3。

表 10-3　　　　　　　　　　　　类方法和实例方法的区别

| 方法名 | 修饰符 | 参数 | 调用 | 类属性 |
|---|---|---|---|---|
| 类方法 | @classmethod | 第一个参数为 cls,它代表类本身 | 可由对象调用,亦可直接由类调用 | 可以修改 |
| 实例方法 | — | 第一个参数为 self,它代表对象本身 | 只能由对象调用 | 无法修改 |

下面分别介绍如何定义类方法,以及如何使用类方法修改类属性。

**1.定义类方法**

类方法可以被类名或对象名调用,其语法格式如下:

类名.类方法

对象名.类方法

定义一个含有类方法 tese_classmethod()的类 Demo,示例代码如下:

```
#1.定义类方法
class Demo:
    @classmethod
    def test_classmethod(cls):
        print('我是类方法!')
```

创建 Demo 的对象 demo,分别使用类 Demo 和对象 demo 调用类方法 test_classmethod(),具体示例代码如下:

```
demo = Demo()
demo.test_classmethod()    #对象名调用类方法
Demo.test_classmethod()    #类名调用类方法
```

输出结果为:

```
我是类方法!
我是类方法!
```

从程序运行结果来看,使用类名或对象名均可调用类方法。

**2.修改类属性**

在实例方法中无法修改类属性的值,但在类方法中可以修改类属性的值。例如,定义一个 Book 类,该类中包含类属性 count、实例方法 add_one()和类方法 add_two(),示例代码如下:

```
#2.修改类属性
class Book(object):    #定义 Book 类
    count = 0    #定义类属性
    def add_one(self):    #定义对象方法
        self.count = 1
    @classmethod
    def add_two(cls):    #定义类方法
        cls.count = 3
```

创建一个 Book 类的对象 book,分别使用对象 book 和类 Book 调用实例方法add_one()和实例方法add_two(),修改类属性 count 的值,并在修改之后访问类属性 count,示例代码如下:

```
#2.修改类属性
book = Book()
book.add_one()
print(Book.count)
Book.add_two()
print(Book.count)
```

输出结果为:

```
#2.修改类属性
0
3
```

从输出结果中可以看出,调用实例方法 add_one() 的值为 0,说明属性 count 的值并没有被修改;调用类方法 add_two() 后再次访问 count 的值为 3,说明类属性 count 的值被修改成功。

为什么会出现这种情况? 在实例方法 add_one() 中已经通过"self.count = 1"为 count 赋值,为什么 count 的值仍然为 0 呢? 这是因为,通过"self.count = 1"只是创建了一个与类属性同名的实例属性 count 并将其赋值为 1,而非对类属性重新赋值。通过对象 book 访问 count 属性进行测试,实例代码如下:

```
print(book.count)
```

输出结果为:

```
1
```

## 10.4.2  静态方法

静态方法与实例方法的区别见表 10-4。

表 10-4                                        静态方法与实例方法的区别

| 方法名 | 修饰符 | 类成员访问 | 调用 |
|--------|--------|-----------|------|
| 静态方法 | @staticmethod | 方法中需要以"类名.方法/属性名"的形式访问类的成员 | 可由对象调用,亦可直接由类调用 |
| 实例方法 | -- | 方法中需要以"self.方法/属性名"的形式访问类的成员 | 只能由对象调用 |

定义一个包含属性 num 与静态方法 static_method 的类 Notebook,示例代码如下:

```
#静态方法
class Notebook：
    num = 8                          #类属性
    @staticmethod                    #定义静态方法
    def static_method()：
        print(f"类属性的值为：{Notebook.num}")
        print("---静态方法")
```

创建 Notebook 类的对象 notebook,使用对象 notebook 和类 Notebook 分别调用静态方法 static_method(),示例代码如下:

```
notebook = Notebook()               #创建对象
notebook.static_method()            #对象调用
Notebook.static_method()            #类调用
```

输出结果为:

```
类属性的值为：8
---静态方法
类属性的值为：8
---静态方法
```

从程序运行结果可以看出,类和对象均可以调用静态方法。

总结：类方法和静态方法的区别在于类方法有一个 cls 参数，使用该参数可以在类方法中访问类的成员；静态方法没有任何默认的参数，它无法使用默认参数访问类成员。因此，静态方法更适合与类无关的操作。

## 10.5 继 承

Python 中类与类之间具有继承关系，其中被继承的类称为父类或基类，继承的类称为子类或派生类。子类在继承父类时，会自动拥有父类中的方法和属性。本节分别对 Python 中的单继承、多继承方法的重写与调用、super() 函数进行介绍。

### 10.5.1 单继承

单继承指的是子类只继承一个父类，其语法格式如下：

class 子类(父类)：

定义一个表示大学生的父类 Student 和表示本科生的子类 Graduate，示例代码如下：

```
#1.单继承
class Student：
    name = '大学生'
    def features(self)：
        print('大学生的任务是学习。')
class Graduate(Student)：    #Graduate(本科生)继承自 Student 类
    def newAttr(self)：
        print(f'本科生是{self.name}')
        print('本科生可以获得学士学位！')
```

上面代码定义的 Student 类中包含类属性 name 与实例方法 features()，Graduate 类继承 Student 类并定义了自己的方法 newAttr()。

创建 Graduate 类的对象 graduate，使用 graduate 分别调用 Student 类和 Graduate 类中的方法，示例代码如下：

```
graduate = Graduate()              #创建类的实例化对象
print(graduate.name)               #访问父类的属性
graduate.features()                #使用父类方法
graduate.newAttr()                 #使用自身方法
```

输出结果为：

```
大学生
大学生的任务是学习。
本科生是大学生
本科生可以获得学士学位！
```

从输出的结果中可以看出，子类继承父类后，就拥有从父类继承的属性和方法，它既可以调用自己的方法，又可以调用从父类继承的方法。

## 10.5.2 多继承

多继承指的是一个子类继承多个父类，其语法格式如下：

class 子类(父类 A，父类 B，...)：

多继承的例子随处可见，例如：大学生包括本科生、研究生。定义本科生 Graduate 类、研究生 Postgraduate 类和大学生 Student 类，使大学生继承 Graduate 类和 Postgraduate 类。示例代码如下：

```
#2.多继承
class Graduate：                    #定义本科生类
    def g_knowledge_level(self)：    #定义方法
        print('本科生要具备知识的综合应用能力。')
class Postgraduate：                #定义研究生类
    def p_knowledge_level(self)：    #定义方法
        print('研究生要具备某一领域的研究能力。')
class Student(Graduate,Postgraduate)：  #定义大学生类,继承本科生和研究生
    def s_knowledge_level(self)：
        print('大学生的任务是学习各种基础知识。')
```

创建大学生类的对象 stu，使用 stu 对象分别调用从父类 Graduate 类、Postgraduate 类继承的方法与 Student 类中的方法，示例代码如下：

```
stu = Student()
stu.s_knowledge_level()
stu.g_knowledge_level()
stu.p_knowledge_level()
```

输出结果为：

大学生的任务是学习各种基础知识。
本科生要具备知识的综合应用能力。
研究生要具备某一领域的研究能力。

## 10.5.3 方法的重写与调用

子类可以继承父类的属性和方法，若父类的方法不能满足子类的要求，子类可以重写父类的方法，以实现理想的功能。

定义大学生类 Student 和本科生类 Graduate，使 Graduate 类继承自 Student 类，并重写父类继承的方法 knowledge_level()，示例代码如下：

```
#3.方法的重写
class Student(Graduate,Postgraduate)：
    def  knowledge_level(self)：
        print('大学生的任务是学习各种基础知识。')

class Graduate(Student)：  #定义本科生类,继承大学生类
    name = '本科生'
    def  knowledge_level(self)：  #重写方法
```

```
print(f'{self.name}要掌握某一领域的基础知识。')
print(f'{self.name}要具备知识的综合应用能力。')
```

创建本科生 Graduate 类对象 graduate，使用 graduate 对象调用 Graduate 类中的 knowledge_level()方法，示例代码如下：

```
graduate = Graduate()
graduate.knowledge_level()
```

输出结果为：

本科生要掌握某一领域的基础知识。

本科生要具备知识的综合应用能力。

## 10.5.4 super()函数

如果子类重写了父类的方法，但仍希望调用父类中的方法，那么可以使用 super()函数实现。super()函数使用方法如下：

```
super().方法名()
```

使用 super()函数在 Graduate 类中调用 Student 类中的 knowledge_level()方法，示例代码如下：

```
#4.super()函数
class Graduate(Student):                    #定义本科生类,继承大学生类
    name = '本科生'
    def knowledge_level(self):              #重写方法
        print(f'{self.name}要掌握某一领域的基础知识。')
        print(f'{self.name}要具备知识的综合应用能力。')
        print('*' * 30)
        super().knowledge_level()           #super()调用父类方法
```

再次使用 graduate 对象调用 knowledge_level()方法，示例代码如下：

```
graduate = Graduate()
graduate.knowledge_level()
```

输出结果为：

本科生要掌握某一领域的基础知识。

本科生要具备知识的综合应用能力。

\* \* \* \* \* \* \* \* \* \* \* \* \* \* \* \* \* \* \* \* \* \* \* \* \* \* \* \* \* \*

大学生的任务是学习各种基础知识。

从输出结果可以看出，通过 super()函数可以访问被重写的父类方法。

## 10.6 多 态

多态是指在不考虑对象类型的情况下使用对象。Python 中并不需要指定对象的类型，只要对象具有预期的方法和表达式操作符，就可以使用对象。

一个体现多态的示例如下：

```
#5.多态 大学生、本科生、研究生
class Student(object):                    #定义父类 Student 大学生
    def studyperiod(self):
        pass
class Graduate(Student):                  #定义子类 Graduate 本科生
    def studyperiod(self):
        print('本科生修业年限一般为 4 年。')
class PostGraduate(Student):              #定义子类 PostGraduate 研究生
    def studyperiod(self):
        print('研究生修业年限一般为 3 年。')

def test(obj):    #定义 test()函数调用 obj 对象的 studyperiod()方法
    obj.studyperiod()
```

上述代码定义了 Student 类和它的两个子类 Graduate 类和 PostGraduate 类，它们都有
studyperiod()方法。定义函数 test()，该函数接收一个参数 obj，并在其中让 obj 调用了
studyperiod()方法。

然后，分别创建 Graduate 类和 PostGraduate 类的对象，将这两个对象作为参数传入
test()函数中，示例代码如下：

```
grad = Graduate()
test(grad)                       #接收 Graduate 类的对象
postgraduate = PostGraduate()
test(postgraduate)               #接收 PostGraduate 类的对象
```

输出结果为：

```
本科生修业年限一般为 4 年。
研究生修业年限一般为 3 年。
```

从运行结果可以看出，同一个函数会根据参数的类型去调用不同的方法，从而产生不同
的结果，这就是多态的应用。

## 10.7　实践任务

### 10.7.1　实验案例 1：使用面向对象编程方式实现人机猜拳游戏

石头剪刀布游戏是一个经典的猜拳游戏，一般包含三种手势：石头、剪刀、布，判定规则
是石头胜剪刀、剪刀胜布、布胜石头。基于面向对象的方式编写程序实现猜拳游戏。实例效
果如下图所示。

```
请输入(0剪刀、1石头、2布:)1
电脑出的手势是剪刀,恭喜，你赢了!
是否继续:y/n
y
请输入(0剪刀、1石头、2布:)2
电脑出的手势是石头,恭喜，你赢了!
是否继续:y/n
y
请输入(0剪刀、1石头、2布:)1
电脑出的手势是布,你输了，再接再厉!

是否继续:y/n
|
```

**1.实验案例目标**

使用面向对象的思想实现简单的猜拳游戏。

**2.实验案例分析**

(1)首先根据面向对象思想进行类的分析与设计,共有 3 个角色类。

(2)设计玩家类 Player,电脑类 AIPlayer,游戏类 Game。

(3)玩家类 Player 定义一个属性 name 和方法,出拳,0:剪刀 1:石头 2:布。

(4)电脑类和玩家类基本一样,但是电脑出拳是随机产生 0、1 、2。

(5)游戏类中包含玩家类和电脑类,定义一个游戏开始方法,调用玩家类和电脑类出拳方法,判断游戏结果,谁赢了,把结果在控制台输出或者保存在一个电脑文件中。

(6)玩家可以玩多次游戏,当不想玩的时候,则结束整个游戏。

**3.编码实现**

```python
#实验案例1:面向对象方式实现人机猜拳游戏
import random
class Player:    #定义玩家类 Player
    def _init_(self):
        self.dict = {0:'剪刀',1:'石头',2:'布'}
    #手势
    def gesture(self):
        player_input = int(input("请输入(0 剪刀、1 石头、2 布:)"))
        return self.dict[player_input]
class AIPlayer(Player):                #定义电脑玩家类 AIPlayer
    play_data = []
    def ai_gesture(self):
        while True:
            computer = random.randint(0, 2)
            if len(self.play_data) >= 4:
                #获取玩家出拳的最大概率
                max_prob = max(self.play_data, key=self.play_data.count)
                if max_prob == '剪刀':
                    return '石头'
```

```
                    elif max_prob == '石头':
                         return '布'
                    else:
                         return '剪刀'
               else:
                    return self.dict[computer]


class Game:                ♯定义游戏控制类 Game
    def game_judge(self):
        player = Player().gesture()
        AIPlayer().play_data.append(player)
        aiplayer = AIPlayer().ai_gesture()
        if (player == '剪刀' and aiplayer == '布') or \
                (player == '石头' and aiplayer == '剪刀') \
                or (player == '布' and aiplayer == '石头'):
            print(f"电脑出的手势是{aiplayer},恭喜,你赢了!")
        elif (player == '剪刀' and aiplayer == '剪刀') or \
                (player == '石头' and aiplayer == '石头') \
                or (player == '布' and aiplayer == '布'):
            print(f"电脑出的手势是{aiplayer},打成平局了!")
        else:
            print(f"电脑出的手势是{aiplayer},你输了,再接再厉!")
    def game_start(self):
        self.game_judge()
        while True:
            option = input("是否继续:y/n\n")
            if option == 'y':
                self.game_judge()
            else:
                break


if _name_ == '_main_':
    g = Game()
    g.game_start()
```

### 4.运行测试

运行代码,控制台输出结果示例如下(每次结果会不一样):

请输入(0 剪刀、1 石头、2 布:)1

电脑出的手势是剪刀,恭喜,你赢了!

是否继续:y/n

y

请输入(0 剪刀、1 石头、2 布:)2

电脑出的手势是石头,恭喜,你赢了!

是否继续:y/n

y

请输入(0 剪刀、1 石头、2 布:)0

电脑出的手势是布,恭喜,你赢了!

是否继续:y/n

y

请输入(0 剪刀、1 石头、2 布:)1

电脑出的手势是布,你输了,再接再厉!

是否继续:y/n

## 10.7.2 实验案例 2:使用面向对象编程方式实现通信录管理系统

移动互联网时代,移动终端设备手机、Ipad 等都会安装社交软件,一般的社交软件都具有通信录管理功能。通信录最基本的功能包括添加联系人、删除联系人、修改联系人、显示联系人、联系人分组等。通信录管理系统的实现效果如下图所示。

```
＊＊欢迎使用通信录管理系统 ＊＊
1:添加联系人
2:删除联系人
3:修改联系人
4:显示联系人
5:联系人分组
6:退出
请选择功能
4
1.显示所有联系人
2.显示分组名称
请输入选项:1
当前没有任何联系人
请选择功能
1
请输入要添加的联系人:张三
联系人添加成功
请选择功能
5
是否创建新的分组y/n
y
请输入分组名称:
大学同学
['张三']
请输入联系人名称:
张三
请选择功能
3
请输入要修改的联系人姓名:张三
请输入修改后的联系人姓名:张小三
```

**1.实验案例目标**

使用面向对象的思想实现通信录管理系统。

**2.实验案例分析**

(1)首先根据面向对象思想进行类的分析与设计。

(2)通信录管理系统共有 6 个功能,每个功能对应一个序号,给用户提示"请选择功能序号"执行相应的操作。

(3)定义联系人类,根据业务逻辑分别实现添加、删除、修改、显示、分组、退出功能。

(4)用户可以在当前通信录内任意执行不同功能,直到完成所有操作后退出。

**3.编码实现**

```
＃实验案例2:通信录管理系统
"""
通信录最基本的功能包括添加联系人、删除联系人、修改联系人、显示联系人、联系人分组等。
"""

class Friend:
    def _init_(self):
        self.friend_li = []
    def welcome(self):
        print("＊ ＊ 欢迎使用通信录管理系统 ＊ ＊")
        print("1:添加联系人")
        print("2:删除联系人")
        print("3:修改联系人")
        print("4:显示联系人")
        print("5:联系人分组")
        print("6:退出")
        while True:
            option = input("请选择功能\n")
            ＃添加联系人
            if option == '1':
                self.add_friend()
            ＃删除联系人
            elif option == '2':
                self.del_friend()
            ＃修改联系人
            elif option == '3':
                self.modify_friend()
            ＃显示联系人
            elif option == '4':
                self.show_friend()
            ＃分组联系人
            elif option == '5':
                self.group_friend()
                elif option == '6':
                    break
    ＃ 添加联系人
    def add_friend(self):
        add_friend = input("请输入要添加的联系人:")
```

```python
            self.friend_li.append(add_friend)
            print('联系人添加成功')
    #获取所有联系人
    def get_all_friends(self):
        new_li = []
        for friend_li_elem in self.friend_li:
            #判断元素类型
            if type(friend_li_elem) == dict:
                #遍历字典
                [new_li.append(dict_elem_name) for dict_elem in friend_li_elem.values()
                for dict_elem_name in dict_elem]
            else:
                new_li.append(friend_li_elem)
        return new_li
    #获取所有分组及其联系人
    def get_all_groups(self):
        groups = []
        for friend_li_elem in self.friend_li:
            if type(friend_li_elem) == dict:
                groups.append(friend_li_elem)
        return groups
    #获取所有分组名称
    def get_all_groups_name(self):
        groups_name = []
        for dict_elem in self.get_all_groups():
                for j in dict_elem:
                    groups_name.append(j)
        return groups_name
    #   删除联系人(在分组中,不在分组中)
    def del_friend(self):
        if len(self.friend_li) != 0:
            del_name = input("请输入删除联系人姓名:")
            #删除的联系人未分组
            if del_name in self.friend_li:
                self.friend_li.remove(del_name)
                print('删除成功')
            else:
                #删除的联系人在分组内
                if del_name in self.get_all_friends():
                    for group_data in self.get_all_groups():
                        for group_friend_li in group_data.values():
                            if del_name in group_friend_li:
                                group_friend_li.remove(del_name)
```

```
                            continue
                        print('删除成功')
            else:
                print('联系人列表为空')
    #   修改联系人
    def modify_friend(self):
        friends = self.get_all_friends()
        if len(friends) == 0:
            print('联系人列表为空')
        else:
            before_name = input("请输入要修改的联系人姓名：")
            after_name = input("请输入修改后的联系人姓名：")
            if before_name in self.friend_li:
                friend_index = self.friend_li.index(before_name)
                self.friend_li[friend_index] = after_name
                print("修改成功")
            elif before_name not in self.friend_li:
                for friend_li_elem in self.friend_li:
                    if type(friend_li_elem) == dict:
                        for dict_elem in friend_li_elem.values():
                            if before_name in dict_elem:
                                modify_index = dict_elem.index(before_name)
                                dict_elem[modify_index] = after_name
                print('修改成功')
            #print('修改成功')
    #   显示联系人（选择显示所有联系人，或分组）
    def show_friend(self):
        print("1.显示所有联系人")
        print("2.显示分组名称")
        option_show = input("请输入选项：")
        groups = self.get_all_groups()
        friends = self.get_all_friends()
        if option_show == '1':
            #显示所有联系人
            if len(friends) == 0:
                print("当前没有任何联系人")
            else:
                print(friends)
        elif option_show == '2':
            if len(friends) == 0:
                print("当前没有任何联系人")
            else:
                if len(groups) == 0:
```

```python
                    print("当前没有任何分组")
                else:
                    # 显示分组
                    for dict_groups in groups:
                        for group_name in dict_groups:
                            print(group_name)
                    is_show_group = input("是否显示组内联系人:y/n\n")
                    if is_show_group == 'y':
                        show_group_name = input("请输入查看的分组名称")
                        for i in groups:
                            if show_group_name in i:
                                show_index = groups.index(i)
                                print(groups[show_index][show_group_name])
    # 分组联系人
    def group_friend(self):
        create_group = input("是否创建新的分组 y/n\n")
        friends = self.get_all_friends()
        if create_group == 'y':
            if len(friends) == 0:
                print("当前没有任何联系人")
            else:
                # 请创建分组
                group_name = input("请输入分组名称:\n")
                group_name_li = list()
                # 显示当前联系人
                print(friends)
                # 移动联系人到哪个组
                friend_name = input("请输入联系人名称:\n")
                if friend_name in friends:
                    all_friend = []
                    for friend_li_elem in self.friend_li:
                        if type(friend_li_elem) == dict:
                            [all_friend.append(dict_friends) for dict_elem in friend_li_elem.values()
                            for dict_friends in dict_elem]
                        else:
                            all_friend.append(friend_li_elem)
                    if friend_name in all_friend:
                        group_name_li.append(friend_name)
                        self.friend_li.remove(friend_name)
                        # 构建字典:{组名称:分组列表}
                        friend_dict = dict()
                        friend_dict[group_name] = group_name_li
                        self.friend_li.append(friend_dict)
```

```
                else：
                        print("请输入正确的名称")
                    else：
                        print('请输入正确联系人名称')
            elif create_group == 'n'：
                #显示当前的分组，将用户添加到指定的组
                current_groups = self.get_all_groups()
                print('当前分组：')
                for current_group in current_groups：
                        for group_name in current_group：
                                print(group_name)
                add_group = input('请选择添加的组：\n')
                #判断用户输入的组名是否在当前已存在的分组名中
                if add_group in self.get_all_groups_name()：
                        #添加联系人到指定的组
                        add_name = input('请选择添加的联系人名称：\n')
                        #判断用户输入的联系人是否存在联系人列表中
                        if add_name in self.friend_li：
                            #判断用户是否在其他组中
                            if add_name not in current_groups：
                                    #将联系人添加到指定的组内
                                    add_group_index = self.get_all_groups_name().index(add_group)
                                    current_groups[add_group_index][add_group].append(add_name)
                        else：
                                print('该联系人已在其他分组中')
                else：
                        print('请输入正确的组名')


if _name_ == '_main_'：
    friend = Friend()
    friend.welcome()
```

**4.运行测试**

运行代码，控制台输出结果如下：

＊＊欢迎使用通信录管理系统 ＊＊

1:添加联系人

2:删除联系人

3:修改联系人

4:显示联系人

5:联系人分组

6:退出

请选择功能

4

```
1.显示所有联系人
2.显示分组名称
请输入选项:1
当前没有任何联系人
请选择功能
1
请输入要添加的联系人:张三
联系人添加成功
请选择功能
5
是否创建新的分组 y/n
y
请输入分组名称:
大学同学
['张三']
请输入联系人名称:
张三
请选择功能
3
请输入要修改的联系人姓名:张三
请输入修改后的联系人姓名:张小三
修改成功
请选择功能
2
请输入删除联系人姓名:张小三
请选择功能
6
```

## 10.8 本章小结

本章主要介绍的是关于面向对象程序设计的知识,包括面向对象概述、类和对象的关系、类的定义与访问、对象的创建与使用、类成员的访问限制、构造方法与析构方法、类方法和静态方法、继承、多态等知识。

通过本章的学习,希望读者理解面向对象,能熟练地定义和使用类,并具备开发面向对象项目的能力。

**10.9 习 题**

一、填空题

1.Python 中使用_____关键字来声明一个类。

2.类的成员包括_____和_____。

3.Python 可以通过在类成员名称之前添加_____的方式将公有成员改为私有成员。

4.被继承的类称为_____,继承其他类的类称为_____。

5.子类中使用_____函数可以调用父类的方法。

二、选择题

1.下列关于类的说法,错误的是（    ）。

A.类中可以定义私有方法和属性　　　　B.类方法的第一个参数是 cls

C.实例方法的第一个参数是 self　　　　D.类的实例无法访问类属性

2.下列方法中,只能由对象调用的是（    ）。

A.类方法　　　　　　B.实例方法　　　　　　C.静态方法　　　　　　D.析构方法

3.下列方法中,负责初始化属性的是（    ）。

A._del_()　　　　　　B._init_()　　　　　　C._init()　　　　　　D._add_()

4.下列选项中,不属于面向对象三大重要特性的是（    ）。

A.抽象　　　　　　　B.封装　　　　　　　C.继承　　　　　　　D.多态

三、简答题

1.简述实例方法、类方法、静态方法的区别。

2.简述构造方法和析构方法的特点。

3.简述面向对象的三大特性。

四、编程题

设计一个 Student(学生)类,该类中包括 stuNum(学号)、stuName(姓名)、stuAge(年龄)、stuSex(性别)4 个属性,其中 stuAge 是私有属性;还包括_init_()、show_info()(显示个人信息)2 个方法。设计完成后,创建 Student 类的对象显示个人信息。

# 第 11 章

## 数据库编程

学习目标

1. 理解数据库的概念
2. 掌握数据库的分类
3. 掌握 pymysql 库的安装和使用
4. 能够使用 pymysql 实现 Python 程序与 MySQL 数据库交互

思政元素

## 11.1　数据库基础知识

### 11.1.1　数据库简介

　　数据库是按照数据结构来组织、存储和管理数据的仓库,是一个长期存储在计算机内的、有组织的、可共享的、统一管理的大量数据的集合。

　　数据库是存放数据的仓库。它的存储空间很大,可以存放百万条、千万条、上亿条数据。但是数据库并不是随意地将数据进行存放,是有一定的规则的,否则查询的效率会很低。当今世界是一个充满着数据的互联网世界,充斥着大量的数据。即这个互联网世界就是数据世界。数据的来源有很多,比如出行记录、消费记录、浏览的网页、发送的消息等。除了文本类型的数据外,图像、音乐、声音都是数据。

　　数据库是一个按数据结构来存储和管理数据的计算机软件系统。数据库的概念实际包括两层意思：

　　(1)数据库是一个实体，它是能够合理保管数据的"仓库"，用户在该"仓库"中存放要管理的事务数据，"数据"和"库"两个概念结合成为数据库。

　　(2)数据库是数据管理的新方法和技术，它能更合适的组织数据、更方便的维护数据、更严密的控制数据和更有效的利用数据。

　　数据库管理系统(Database Management System，DBMS)是一种操纵和管理数据库的大型软件，用于建立、使用和维护数据库。DBMS对数据库进行统一的管理和控制，以保证数据库的安全性和完整性。用户通过DBMS访问数据库中的数据，数据库管理员也通过DBMS进行数据库的维护工作。DBMS可以支持多个应用程序和用户用不同的方法在同时或不同时刻去建立、修改和询问数据库。大部分DBMS提供数据定义语言(Data Definition Language，DDL)和数据操作语言(Data Manipulation Language，DML)，供用户定义数据库的模式结构与权限约束，实现对数据的追加、删除等操作。

　　大多数初学者认为数据库就是数据库系统，其实数据库系统的范围要比数据库大很多。数据库系统是指在计算机系统中引入数据库后的系统，除了数据库外，还包括数据库管理系统、数据库应用程序等。数据库系统中这三者之间的关系如图11-1所示。数据库系统组件关系说明见表11-1。

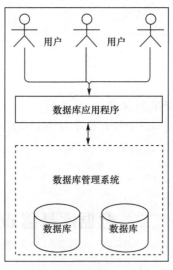

图11-1　数据库系统

表11-1　　　　　　　　　　　　　　数据库系统组件关系说明

| 名称 | 说明 |
| --- | --- |
| 数据库 | 数据库提供了存储空间来存储各种数据，可将其视为一个存储数据的容器 |
| 数据库管理系统 | 数据库管理系统是专门创建和管理数据库的一套软件，介于应用程序和操作系统之间，例如MySQL、HBase、Redis、MongoDB等 |
| 数据库应用程序 | 数据库应用程序是用户定制的符合自身需求的程序，用户通过该应用程序与数据库管理系统进行通信，并访问和管理数据库中存储的数据 |

　　后面所说的数据库均指的是数据库管理系统。

## 11.1.2 数据库分类

根据存储数据时所用数据模型的不同,当今互联网中的数据库主要分为两种:关系型数据库和非关系型数据库,下面分别进行简要介绍。

**1.关系型数据库**

关系型数据库是指采用关系模型(二维表格形式)组织数据的数据库系统,主要包含的核心元素见表 11-2。

表 11-2 关系型数据库核心元素

| 名称 | 说明 |
| --- | --- |
| 数据库 | 数据库是一些关联表的集合 |
| 数据表 | 表是数据的矩阵。在一个数据库中的表看起来像一个简单的电子表格 |
| 行 | 一行(=元组或记录)是一组相关的数据,例如,一条用户订阅的数据 |
| 列 | 一列(数据元素)包含了相同类型的数据,例如邮政编码的数据 |
| 主键 | 主键是唯一的,一个数据表中只能包含一个主键,用户可以使用主键来查询数据 |
| 外键 | 外键用于关联两个表 |
| 复合键 | 复合键(组合键)将多个列作为一个索引键,一般用于复合索引 |
| 索引 | 使用索引可快速访问数据库表中的特定信息。索引是对数据库表中一列或多列的值进行排序的一种结构,类似于书籍的目录 |
| 冗余 | 存储两倍数据,冗余降低了性能,但提高了数据的安全性 |
| 参照完整性 | 参照的完整性要求关系中不允许引用不存在的实体。实体完整性是关系模型必须满足的完整性约束条件,目的是保证数据的一致性 |

目前,主流的关系型数据库有 MySQL、Oracle、PostgreSQL、DB2、Microsoft Access 等,其中使用较多的有 MySQL 和 Oracle 数据库。

**2.非关系型数据库**

非关系型数据库也被称为 NoSQL(Not Only SQL)数据库,是指非关系型的、分布式的数据存储系统。与关系型数据库相比,非关系型数据库无须事先为要存储的数据建立字段,它没有固定的结构,既可以拥有不同的字段,又可以存储各种格式的数据。

按照不同的数据模型,非关系型数据库主要可以分为列存储数据库、键值存储数据库、文档型数据库和图数据库。四种常用的非关系型数据库见表 11-3。

表 11-3 四种常用非关系型数据库

| 名称 | 典型代表 |
| --- | --- |
| 列存储数据库 | Hbase、Cassandra |
| 键值存储数据库 | Redis、Flare、MemcacheDB |
| 文档型数据库 | MongoDB、CouchDB |
| 图数据库 | Neo4J、JanusGraph |

## 11.2　MySQL 与 Python 交互

　　MySQL 是较流行的关系型数据库管理系统,在 WEB 应用方面 MySQL 是较好的关系数据库管理系统(Relational Database Management System,RDBMS)应用软件之一。MySQL 是由瑞典 MySQL AB 公司开发的跨平台关系型数据库管理系统,主要分为需付费购买的企业版(Enterprise Edition)和可免费使用的社区版(Community Edition)。由于配置简单、开发稳定和性能良好的特点,MySQL 成为一个应用十分广泛的数据库,经常与 Python 语言结合使用。

　　Python 中提供了 pymysql 库,它定义了访问和操作 MySQL 数据库的函数和方法。本章将分别介绍 MySQL 数据库的下载与安装以及如何使用 pymysql 操作 MySQL 数据库。

### 11.2.1　MySQL 下载与安装

　　在使用 MySQL 数据库前,需要先下载 MySQL 数据库并在本地计算机上进行安装。下面以 Windows 系统为例演示下载和安装 MySQL 的过程。

　　1.下载 MySQL 数据库

　　输入官网地址,如图 11-2 所示。

图 11-2　进入官网下载 MySQL

　　选择 MySQL 社区版进行下载,如图 11-3 所示。

图 11-3　选择 MySQL 社区版下载

　　选择 Windows 安装版本,如图 11-4 所示。

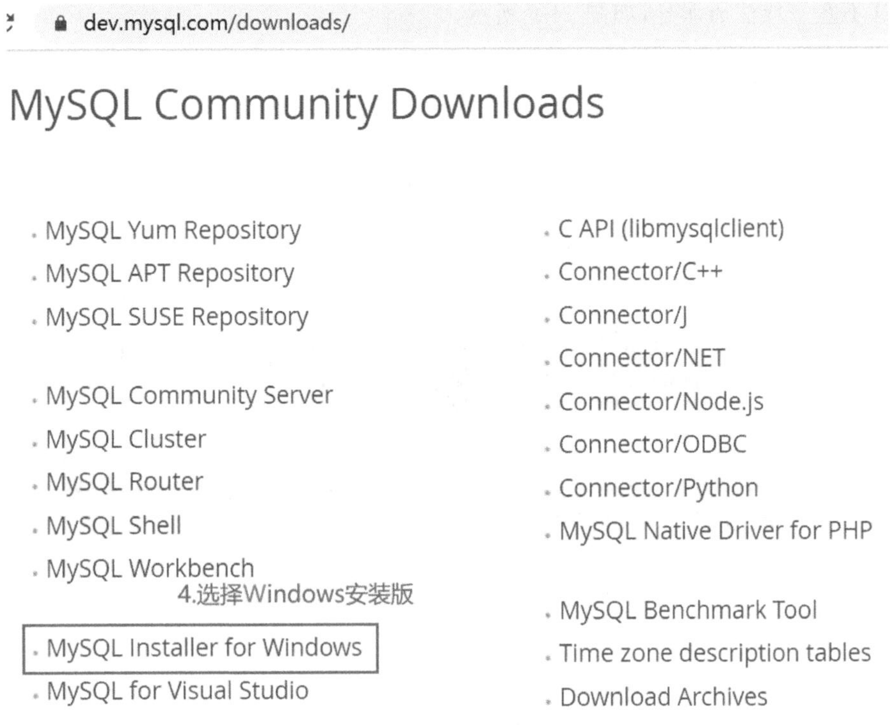

 dev.mysql.com/downloads/

# MySQL Community Downloads

- MySQL Yum Repository
- MySQL APT Repository
- MySQL SUSE Repository

- MySQL Community Server
- MySQL Cluster
- MySQL Router
- MySQL Shell
- MySQL Workbench

4.选择Windows安装版

- MySQL Installer for Windows
- MySQL for Visual Studio

- C API (libmysqlclient)
- Connector/C++
- Connector/J
- Connector/NET
- Connector/Node.js
- Connector/ODBC
- Connector/Python
- MySQL Native Driver for PHP

- MySQL Benchmark Tool
- Time zone description tables
- Download Archives

图 11-4  选择 Windows 安装版

选择本地离线安装包，如图 11-5 所示。

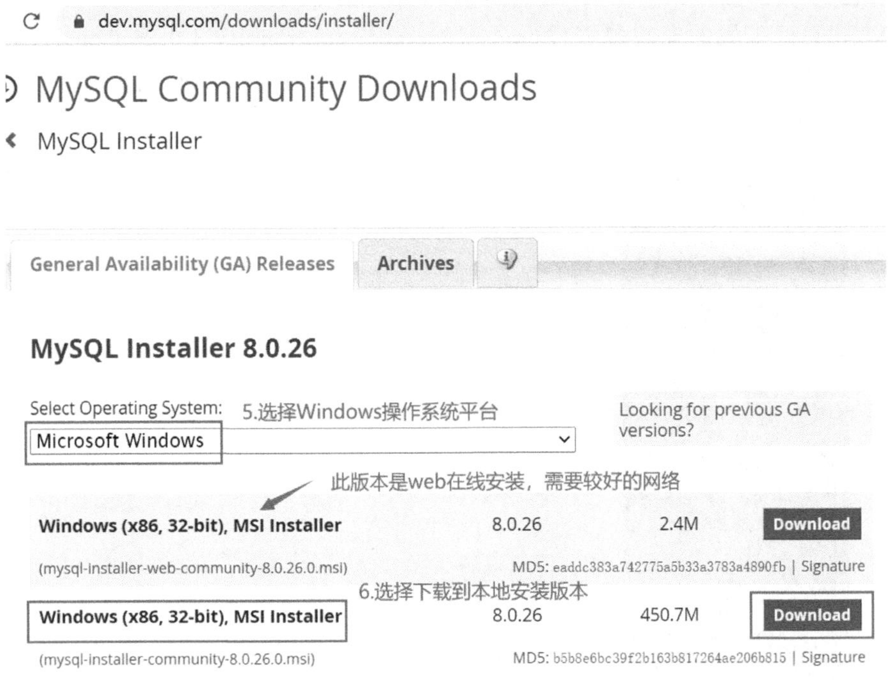

 dev.mysql.com/downloads/installer/

# MySQL Community Downloads

‹  MySQL Installer

| General Availability (GA) Releases | Archives |  |
|---|---|---|

## MySQL Installer 8.0.26

Select Operating System:  5.选择Windows操作系统平台

Microsoft Windows

Looking for previous GA versions?

此版本是web在线安装，需要较好的网络

**Windows (x86, 32-bit), MSI Installer**   8.0.26   2.4M   **Download**

(mysql-installer-web-community-8.0.26.0.msi)   MD5: eaddc383a742775a5b33a3783a4890fb | Signature

6.选择下载到本地安装版本

**Windows (x86, 32-bit), MSI Installer**   8.0.26   450.7M   **Download**

(mysql-installer-community-8.0.26.0.msi)   MD5: b5b8e6bc39f2b163b817264ae206b815 | Signature

图 11-5  选择本地离线安装版本

选择不登录或注册账号,如图 11-6 所示。

7.选择不登录或注册账号

图 11-6　选择仅下载不登录注册

执行完上述步骤后,直接下载到本地即可。

**2.安装 MySQL 数据库**

安装包下载完毕后,在本地找到已经下载的安装包,直接安装即可。

(1)双击已经下载的安装包文件(mysql-installer-community-8.0.26.0.msi),启动安装程序,进入许可协议授权界面,选择接受,单击"Next"按钮进入 Choosing a Setup Type 对话框,如图 11-7 所示。

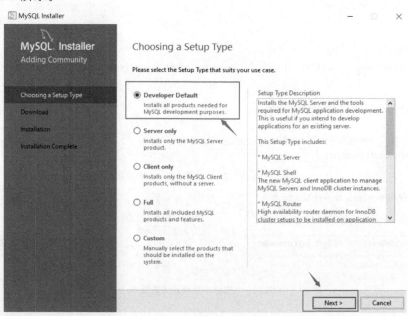

图 11-7　选择安装类型

图 11-7 中列举了 5 种安装类型，分别如下：

①Developer Default：默认版本，安装开发所需的所有功能。

②Server only：仅安装 MySQL Server。

③Client only：仅安装 MySQL client。

④Full：安装包含的所有 MySQL 产品和功能。

⑤Custom：自定义安装。

（2）这里选择 Developer Default，单击"Next"按钮进入 Check Requirements 对话框，如图 11-8 所示。

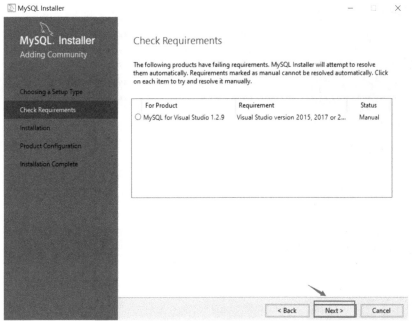

图 11-8　检查组件

单击"Next"按钮，弹出警告框提示某些产品缺少检验，是否继续，如图 11-9 所示。

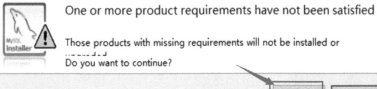

图 11-9　警告提示

单击警告框中的"Yes"按钮，进入 Installation 对话框，该对话框显示了待安装的各个组件，如图 11-10 所示。

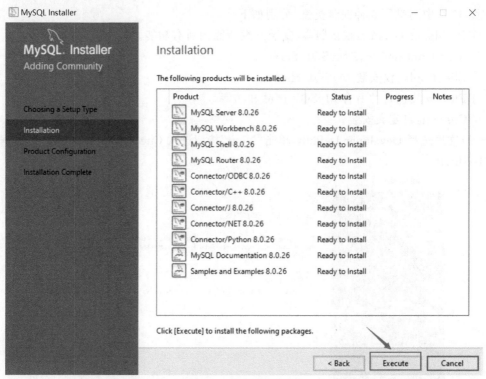

图 11-10　待安装组件列表

单击"Execute"按钮,开始安装各个组件并显示各安装组件进度。等组件安装完成后,此时进入如图 11-11 所示对话框。

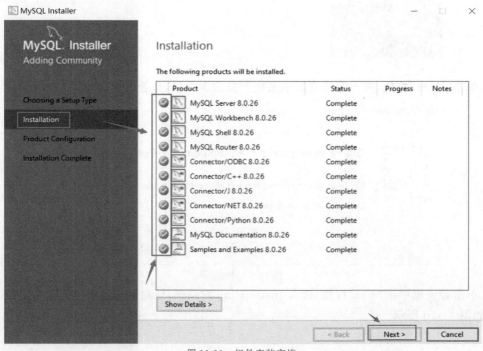

图 11-11　组件安装完毕

单击"Next"按钮进入 Product Configuration 对话框,如图 11-12 所示。

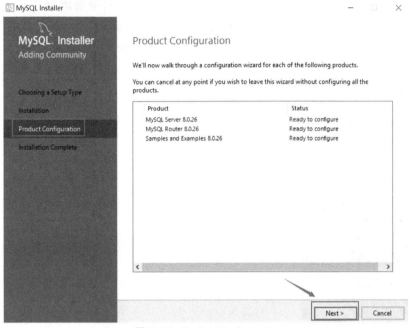

图 11-12　Product Configuration

图 11-12 中显示了 MySQL Server 8.0.26、MySQL Router 8.0.26 和 Samples and Examples 8.0.26 三个组件,它们分别用于配置 MySQL 服务器、MySQL 路由器和 Oracle 官方提供的 MySQL 相关的示例库。建议配置这三个选项,方便后续更安全便捷的操作 MySQL 数据库。

单击图 11-12 中的"Next"按钮进入 Type and Networking 对话框,配置数据库服务器 的类型和网络连接方式,如图 11-13 所示。

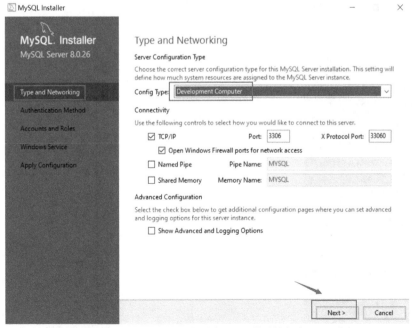

图 11-13　配置服务器类型和网络连接方式

图 11-13 中,保持默认的 Development Computer 选项,其他选项默认。Development Computer 适用于除 MySQL 外还会安装很多其他软件的开发计算机,该版本占用最少量的内存,可以满足大部分开发需求。如有其他需求,可自行选择其他服务器类型。

单击图 11-13 中的"Next"按钮,进入 Authentication Method 对话框,选择默认选项,如图 11-14 所示。

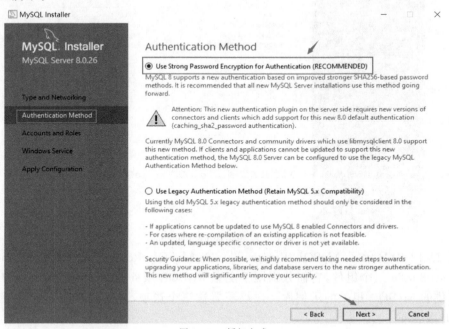

图 11-14　授权方式

单击 11-14 中的"Next"按钮,进入 Accounts and Roles 对话框,该对话框中可以给 Root 用户设置密码和添加新用户,如图 11-15 所示。

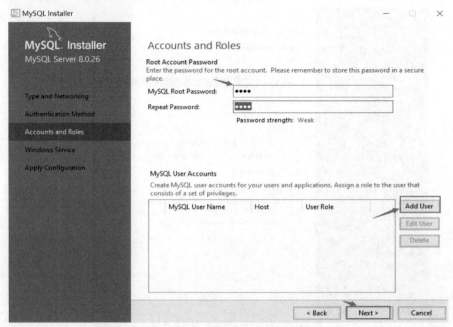

图 11-15　用户设置管理

在图 11-15 中 MySQL Root Password 对应的文本框中填写 root 用户的密码,用来保护数据库中数据的安全。建议妥善保管 root 用户密码,后续使用 MySQL 数据库需要使用该密码才可以成功访问。

如果不想直接使用 root 账号,还可以单击"Add User"按钮添加新用户,设置用户名、密码、角色等,如图 11-16 所示。

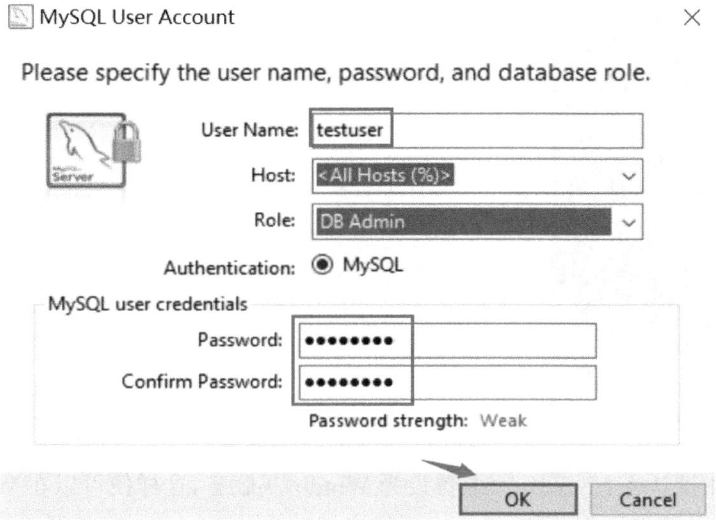

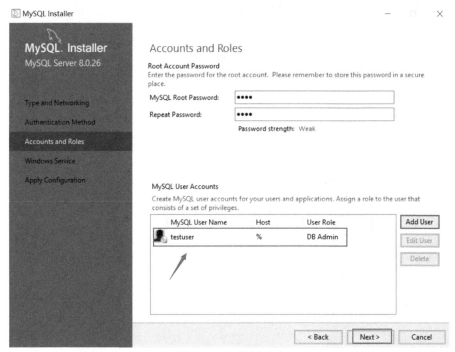

图 11-16　添加新用户

单击"OK"按钮,新用户会显示在 Accounts and Roles 对话框上,如图 11-17 所示。

图 11-17　显示用户列表

单击图 11-17 中的"Next"按钮,进入 Windows Service 设置的对话框,保持默认配置,如图 11-18 所示。

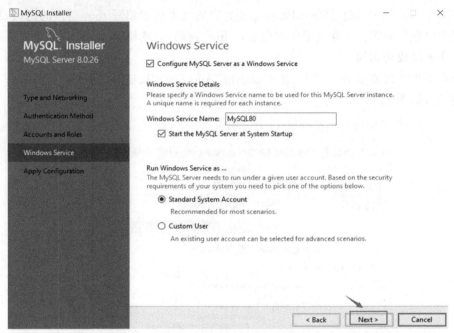

图 11-18　配置 Windows 服务

图 11-18 中默认将 MySQL 服务器设为 Windows 服务，这样便可以在 Windows 服务列表上进行启动/关闭等操作，同时设为在系统启动时启动 MySQL 服务器。

单击图 11-18 中的"Next"按钮，进入 Apply Configuration 对话框，单击该界面的"Execute"按钮应用配置，执行完毕后的对话框如图 11-19 所示。

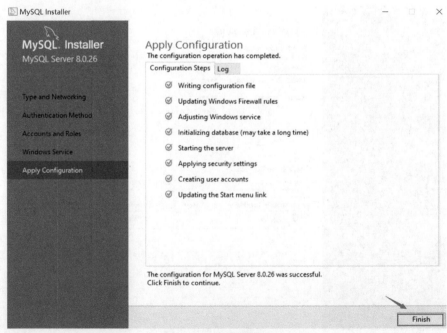

图 11-19　第一项配置完毕

单击图 11-19 中的"Finish"按钮返回到配置列表的初始界面，该界面中显示第一项 MySQL Server 8.0.26 已经配置完成，如图 11-20 所示。

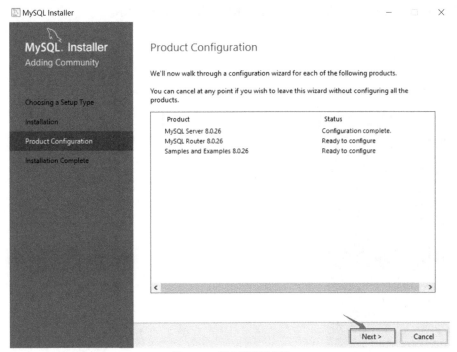

图 11-20　服务器配置完毕

　　图 11-20 中的组件 MySQL Router 8.0.26 用于数据库的负载均衡，单击"Next"按钮，进入配置 MySQL 路由器的对话框，配置组件 MySQL Router 8.0.26，保持默认，如图11-21所示。

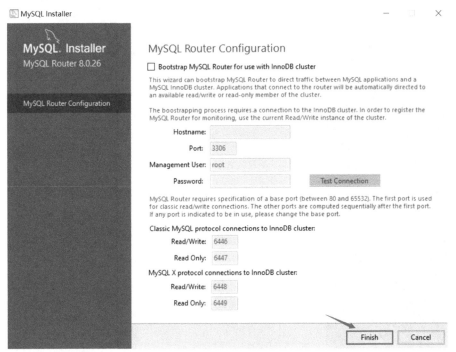

图 11-21　配置 MySQL 路由器

　　单击"Finish"按钮再次回到配置的初始界面，此时界面中 MySQL Router 8.0.26 的状

态为 Configuration not needed，表示不需要配置，如图 11-22 所示。

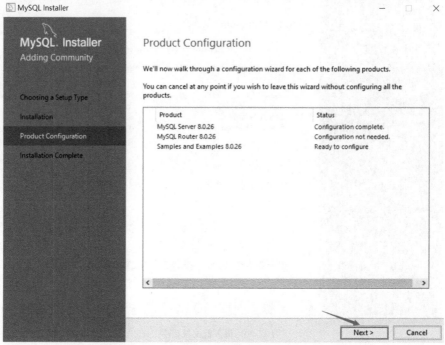

图 11-22　路由器配置完毕

单击图 11-22 中的"Next"按钮，进入配置组件 Samples and Examples 对话框。在该对话框中输入 root 用户的密码，单击 Check 按钮核实，若核实成功，进入如图 11-23 所示界面。

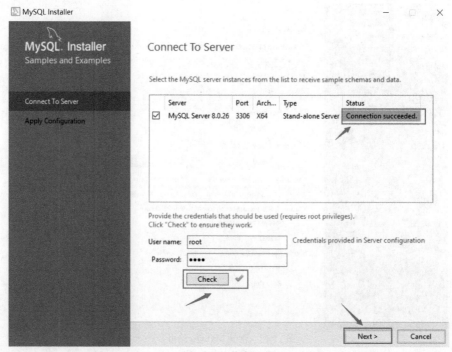

图 11-23　核实用户

单击图 11-23 中的"Next"按钮,进入 Apply Configuration 对话框,该对话框用于应用所有的更新。单击界面中的"Execute"按钮开始应用配置,应用完成后如图 11-24 所示。

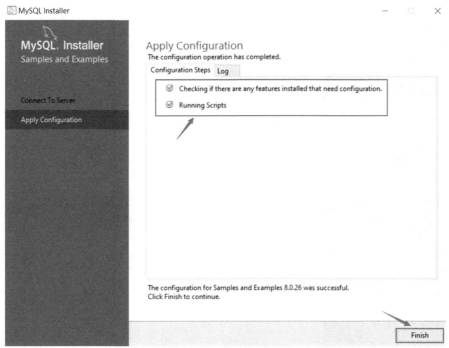

图 11-24  应用配置

单击图 11-24 中的"Finish"按钮,回到配置的初始界面,此时初始界面中组件 Samples and Examples 8.0.26 的状态为 Configuration complete,表示该组件配置完成,如图 11-25 所示。

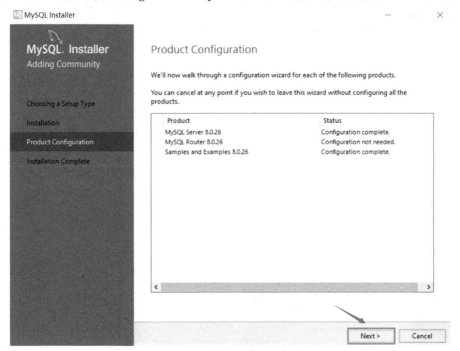

图 11-25  样例和示例配置完毕

单击图 11-25 中的"Next"按钮,进入 Installation complete 对话框,如图 11-26 所示。

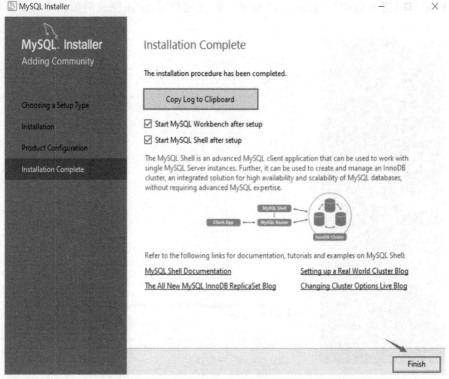

图 11-26　安装完成

图 11-26 中包含两个选项,默认是选中状态,表明会启动 MySQL Workbench 和 MySQL Shell。其中,MySQL Workbench 是一款专为 MySQL 设计的数据库 GUI 管理工具,MySQL Shell 是一款 MySQL 命令行高级工具。使用时可以根据需要任选一种即可,比较常用的是 MySQL Workbench 图像用户管理界面,应用比较方便,如图 11-27、图 11-28 所示。

图 11-27　MySQL Workbench 图像用户管理界面 1

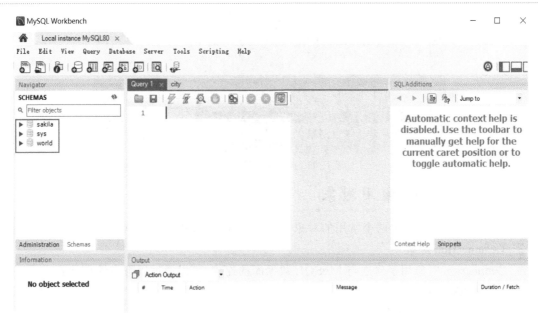

图 11-28　MySQL Workbench 图形用户管理界面 2

SQL 语句基础说明见表 11-4。

**表 11-4　　　　　　　　　　　SQL 语句基础说明**

| SQL 语句 | 说明 |
| --- | --- |
| create database 数据库名称; | 创建数据库 |
| drop database 数据库名称; | 删除数据库 |
| create table 表名称(<br>字段名 字段类型[约束],<br>……<br>字段名 字段类型[约束]<br>); | 创建表 |
| insert into 表名称(字段1,字段2,……字段n) values(值1,值2,值n); | 向数据表中插入数据 |
| delete from 表名称; | 删除数据表中的数据 |
| update 表名称 set<br>字段1 = 数值1,<br>字段2 = 数值2… | |
| select 字段1,字段2,…,字段n from 表名; | 查询表中数据 |

## 11.2.2 pymysql 安装

pymysql 是 Python 3 中用于连接 MySQL 服务器的第三方库,若想在 Python 程序中使用 MySQL,需先在 Python 环境中安装 pymysql。使用 pip 工具在命令行窗口安装 pymysql,具体命令如下:

MySQL与
Python交互

```
pip install pymysql
```

当命令行窗口输出如下信息时,说明 pymysql 安装成功,如图 11-29 所示。

```
命令提示符
Microsoft Windows [版本 10.0.19043.1110]
(c) Microsoft Corporation。保留所有权利。

C:\Users\pan>pip install pymysql
Collecting pymysql
  Downloading PyMySQL-1.0.2-py3-none-any.whl (43 kB)
  |                                          | 43 kB 491 kB/s
Installing collected packages: pymysql
Successfully installed pymysql-1.0.2
```

图 11-29  pymysql 安装成功提示

## 11.2.3  pymysql 常用对象

pymysql 库中提供了两个常用的对象：Connection 对象和 Cursor 对象。

**1.Connection 对象**

Connection 对象用于建立与 MySQL 数据库的连接，可以通过以下方法创建：

```
connect(参数列表)
```

connect 方法中常用参数及其含义如下：

host：数据库所在的主机地址，位于本机可设为 localhost。

port：数据库占用的端口，默认为 3306。

database：表示数据库的名称。

user：连入数据库时使用的用户名。

password：用户密码。

charset：通信采用的编码方式，推荐使用 UTF-8。

使用 connect() 方法向本地数据库建立连接。示例如下：

```
conn=pymysql.connect(
    host= 'localhost',
    user = 'root',
    password = 'root',
    database = 'test',
    charset = 'utf8')
```

pymysql 库为 Connection 对象提供了一些实现数据库操作的常用方法。这些方法的说明如下：

close()：关闭连接。

commit()：提交当前事务。

rollback()：回滚当前事务。

cursor()：创建并返回 Cursor 对象。

**2.Cursor 对象**

Cursor 对象即游标对象，它主要负责执行 SQL 语句。Cursor 对象通过调用 Connection 对象的 cursor() 方法创建。这里使用上文已创建的 Connection 对象 conn 获得游标对象。示例代码如下：

```
cursor_obj = conn.cursor()
```

Cursor 对象的常用属性如下：

rowcount:获取最近一次 execute()执行后受影响的行数。

connection:获得当前连接对象。

Cursor 对象的常用方法如下:

close():关闭游标。

execute(query , args＝None):执行 SQL 语句,返回受影响的行数。

fetchall():执行 SQL 查询语句,将符合 SQL 语句中条件的所有结果集中的每行转化为一个元组,在将这些元组装入一个元组返回。

fetchone():执行 SQL 查询语句,获取下一个查询结果集。

## 11.2.4 pymysql 的使用与实例

使用 pymysql 库访问 MySQL 分为以下几步:

(1)创建连接:通过 connect()方法创建用于连接数据库的 Connection 对象。

(2)获取游标:通过 Connection 对象的 cursor()方法创建 Cursor 对象。

(3)执行 SQL 语句:通过 Cursor 对象方法执行 SQL 语句,实现数据库基本操作。

(4)关闭游标:通过 Cursor 对象的 close()方法关闭游标。

(5)关闭连接:通过 Connection 对象的 close()方法关闭连接。

下面按照以上流程,通过一个示例演示如何使用 pymysql 操作 MySQL 数据库。具体内容如下:

(1)导入 pymysql 库,创建程序与 MySQL 数据库的连接,示例代码如下:

```
# pymysql 使用示例
import pymysql
# 连接数据库
conn＝pymysql.connect(
    host＝'localhost',
    user ＝ 'root',
    password ＝ 'root',    # 安装时设置的密码
    charset ＝ 'utf8')
```

以上代码连接本地的 MySQL 数据库,并以 root 用户的身份访问该数据库。

(2)创建一个数据库 testdb,并在数据库 testdb 中创建一张表示教师信息的数据表 teacher。

数据表中共有 teID、teName、teRank、teDeptID 这 4 个字段,其中,教师 teID 字段被设置为主键,示例代码如下:

```
# pymysql 使用示例
# 获得游标
cursor ＝ conn.cursor()
# 创建数据库
sql_create ＝ 'create database if not exists testdb'
cursor.execute(sql_create)
# 创建数据表
sql_db ＝ 'use testdb'
cursor.execute(sql_db)
sql_table ＝ 'create table if not exists teacher(\
```

```
              teID int primary key,\      # 工号
              teName varchar(20),\        # 姓名
              teRank varchar(20),\        # 级别
              teDeptID varchar(20)\       # 部门 ID
              )'
cursor.execute(sql_table)
```

（3）向数据表 teacher 中插入一条记录，示例代码如下：

```
# pymysql 使用示例
# 插入数据
sql = "insert into teacher (teID,teName,teRank,teDeptID) values (101,'张老师','8','1')"
cursor.execute(sql)
# 或者用如下方式插入也可以，可以自行去掉注释进行测试
# data = (100,'袁老师','6','1')
# cursor.execute(sql % data)
conn.commit()
```

（4）更新数据表 teacher，将字段 teID 值为 101 的记录中字段 teName 的值修改为"潘老师"，示例代码如下：

```
# pymysql 使用示例
# 修改数据
sql = "update teacher set teName = '%s' where teID = %d"
data = ('潘老师',101)
cursor.execute(sql % data)
conn.commit()
```

（5）查询 teacher 表中字段 teDeptID 值为 1 的记录，示例代码如下：

```
# pymysql 使用示例
# 查询数据
sql = "select teID, teName from teacher where teDeptID='1'"
cursor.execute(sql)
for row in cursor.fetchall():
    print('教师工号:%d 姓名:%s' % row)
print('一共有%d个教师' % cursor.rowcount)
```

（6）删除 teacher 表中字段 teID 值为 101 的一条记录，示例代码如下：

```
# pymysql 使用示例
# 删除数据
sql = "delete from teacher where teID=%d limit %d"
data =(101,1)
cursor.execute(sql % data)
conn.commit()
print('共删除%d条数据' % cursor.rowcount)
```

（7）关闭游标和连接，示例代码如下：

```
# pymysql 使用示例
cursor.close()    # 关闭游标
conn.close()     # 关闭数据库连接
```

(8)输出结果为：

教师工号：101 姓名：潘老师

一共有 1 个教师

共删除 1 条数据

注意：如果执行过程中报如下错误：pymysql.err.OperationalError：(1205，'Lock wait timeout exceeded；try restarting transaction')，解决方法如下：

(1)执行 MySQL 命令：show full processlist；查看线程列表。

(2)然后找出被锁住的系统线程 id，kill 掉被锁住的线程 id。命令格式如下：

kill 线程号　＃示例：kill 68

(3)查看事物表：select ＊ from information_schema.innodb_trx；如果为空，问题解决。

## 11.3　实践任务

### 11.3.1　实验案例 1：使用 Python 和 MySQL 数据库交互实现用户注册登录

要求结合 MySQL 数据库，实现用户注册和登录功能。用户注册、登录模块主要包含注册和登录两项功能，进入注册、登录界面后，用户可选择注册或登录功能：

(1)选择注册功能

用户需输入用户名与密码，需注意用户名唯一，若输入的用户名与数据库中已有用户名相同，应给出相应提示，并重新接收用户输入；若用户名与密码符合要求，新的用户信息应被存储到数据库中。

(2)选择登录功能

用户需输入已有用户名和密码，系统判断是否正确，若输入的用户名密码错误，应给出错误提示，并重新输入；若用户名和密码正确，提示登录成功。

(3)程序中涉及的数据需存储到数据库中

创建的数据库名称为 pymysqldb，数据库中的表为 users，表中包含主键(id)、用户名(user_name)、密码(user_pwd)、是否删除(is_delete)4 个字段。users 表创建完毕后，插入一条默认数据为用户名：pythonuser，密码：123456。实例运行效果如下图所示。

```
----功能选择----              ----功能选择----
1.注册                        1.注册
2.登录                        2.登录
请选择注册：1 or 登录：2 ? 1    请选择注册：1 or 登录：2 ? 2
用户名：test_user             用户名：test_user
密  码：123456               密  码：123456
注册成功                      登录成功
```

**1.实验案例目标**

掌握 pymysql 库的综合应用，实现 Python 程序与 MySQL 数据库进行交互。

**2.实验案例分析**

(1)首先根据需求使用 pymysql 创建数据库(pymysqldb)和表(users)，并插入初始化数据。

（2）根据需求说明设计注册函数：registered()，主要流程和功能为：

①接收用户输入的用户名，判断用户名是否存在，若存在给出提示，继续等待用户输入用户名。

②若用户名不存在，接收用户输入的密码，将用户名和密码同时插入数据库中的用户表，提示"注册成功"。

（3）根据需求说明设计登录函数：login()，主要流程和功能为：

①接收用户输入的用户名，判断用户名是否存在，若不存在提示"用户名不存在"，等待用户重新输入用户名。

②若用户名存在，接收用户输入的密码，根据用户名从数据库中查询相应密码，并与用户输入的密码进行匹配。

③若密码匹配成功提示"登录成功"，匹配失败提示"密码有误"，等待用户重新输入密码，重复过程②③。

### 3.编码实现

第一步：创建数据库并进行数据初始化

```
# 使用 pymysql 实现用户注册登录程序：教材实践任务 1
# 1.首先创建数据库 pymysql 和表 users
import pymysql
# 连接数据库
conn = pymysql.connect(
        host= 'localhost',
        user = 'root',
        password = 'root',
        charset = 'UTF-8')


# 获得游标
cursor = conn.cursor()
# 创建数据库
sql_create = 'create database if not exists pymysqldb'
cursor.execute(sql_create)
# 创建数据表
sql_db = 'use pymysqldb'
cursor.execute(sql_db)
sql_table = 'create table users(\
    id int unsigned auto_increment not null primary key,\
    user_name varchar(20) not null,\
    user_pwd char(40) not null,\
    is_delete bit not null default 0 \
    )'
cursor.execute(sql_table)
# 插入数据
sql = "insert into users (user_name,user_pwd) values ('pythonuser','123456')"
cursor.execute(sql)
conn.commit()
```

第二步:实现注册和登录功能

```python
#使用 pymysql 实现用户注册登录程序:教材实践任务 1
#2.实现注册登录
import pymysql
#用户注册
def mysql_registered(conn,cur):
#1.获取有效用户名
    sql_select = "select * from users where user_name=%s"
    uname = input('用户名:')
    while True:
#执行 sql 语句
        params = [uname]
        result = cur.execute(sql_select,params)
        if result == 1:
            print('用户名已存在,请重新输入')
            uname = input('用户名:')
        else:
            break
#3.获取密码
    upwd = input('密　码:')
#4.插入数据库
    sql_insert = 'insert into users(user_name,user_pwd) values(%s,%s)'
    params = [uname,upwd]
    result = cur.execute(sql_insert,params)
    conn.commit()
#5.插入结果判断
    if result == 1:
        print('注册成功')
    else:
        print('注册失败')
#6.关闭连接
    cur.close()
#用户登录
def mysql_login(conn,cur):
    result = 0
    while not result:
        uname = input('用户名:')
        sql = 'select user_pwd from users where user_name=%s'
        params = [uname]
        result = cur.execute(sql,params)
        if result==1:    #如果找到了用户
            mysql_upwd = cur.fetchone()
```

```
                while True：
                    upwd = input('密码：')
                    if upwd == mysql_upwd[0]:
                        print('登录成功')
                        break
                    else：
                        print('密码错误,请重新输入')
            else：
                print('用户名不存在')
            ＃关闭连接
            cur.close()
＃打印菜单
def menu()：
    print("----功能选择----")
    print("1.注册")
    print("2.登录")
＃主函数
def main()：
＃1.打印菜单
    menu()
＃2.连接数据库
    conn = pymysql.connect(host='localhost',port=3306,database='pymysqldb',
    user='root',password='root',charset='UTF-8')
    cur=conn.cursor()
＃3.功能选择
    sel = input("请选择注册:1 or 登录:2 ?")
＃选择功能
    if sel == '1':
        mysql_registered(conn,cur)
    elif sel == '2':
        mysql_login(conn,cur)
if _name_ == '_main_':
    main()
```

**4.运行测试**

运行代码,控制台输出结果如下:

如果选择注册1,示例如下:

```
----功能选择----
1.注册
2.登录
请选择注册:1 or 登录:2 ? 1
用户名:test_user
密  码:123456
注册成功
```

如果选择登录2,示例如下:

```
----功能选择----
1.注册
2.登录
请选择注册:1 or 登录:2 ? 2
用户名:test_user
密码:123456
登录成功
```

## 11.4　本章小结

本章首先介绍了数据库的概念以及数据库、数据库管理系统和数据库系统之间的关系,其次介绍了数据库的分类,再次介绍了 MySQL 数据库的下载和安装,最后介绍了 pymysql 库的安装和基本使用以及如何实现 Python 程序与数据库的交互。

## 11.5　习　题

一、填空题

1.数据库是按照_____来组织、存储和管理数据的仓库。

2.关系型数据库采用_____形式组织数据,由数据表和数据表之间的关系组成。

3.非关系型数据库也被称为_____数据库,是指非关系型的、分布式的数据存储系统。

4.按照不同的数据模型,非关系型数据库主要可以分为_____、_____、_____和图形数据库。

5.Python 中提供了_____定义了访问和操作 MySQL 数据库的函数和方法。

二、选择题

1.下列常见的数据库中,属于关系型数据库的是(　　)。

A.Hbase　　　　　　B.MongoDB　　　　　　C.MySQL　　　　　　D.Redis

2.下列方法中,用于执行 SQL 语句的是(　　)。

A.commit()　　　　B.execute()　　　　C.fetchall()　　　　D.cursor()

三、简答题

1.简述关系型数据库与非关系型数据库的区别。

2.简述非关系型数据库的四种类型以及常用代表有哪些。

四、编程题

请按照下列要求编写程序:

(1)通过 pymysql 与 MySQL 数据库建立连接;

(2)创建数据库 db_student;

(3)设计数据表 students,该表格中包含学号、姓名、性别、年龄 4 个字段。其中,字段"学号"为主键;

(4)向 students 表中插入 6 条记录,插入后的数据表见表 11-5。

表 11-5　　　　　　　　　　　学生信息表(students)

| 学号 | 姓名 | 性别 | 年龄 |
|---|---|---|---|
| 101 | 小张 | 男 | 18 |
| 102 | 小李 | 女 | 19 |
| 103 | 小王 | 男 | 22 |
| 104 | 小赵 | 女 | 21 |
| 105 | 小周 | 男 | 20 |
| 106 | 小明 | 男 | 22 |

(5)将 students 表中"学号"为"103"的记录中字段"年龄"对应的值改为"20"。

(6)查询 students 表中字段"性别"为"男"的所有记录;

(7)删除 students 表的最后一条记录。

# 第 12 章

## Python 生态库的应用

学习目标

1. 了解 Python 生态库以及常用生态库的应用领域
2. 掌握常用内置生态库
3. 掌握第三方生态库的安装
4. 掌握常用第三方库 jieba、wordcloud 和 Matplotlib 的安装和使用

思政元素

  Python 由于开源的特性，自诞生至今逐步建立起了全球最大的编程生态库，本章将为大家简单地介绍 Python 生态库、Python 生态库的安装和常用的第三方 Python 生态库的应用。

## 12.1   Python 生态库概述

  Python 生态库包括标准库和第三方库两大类，覆盖了网络爬虫、数据分析、文本处理、数据可视化、机器学习、Web 开发、网络应用开发、游戏开发、图形艺术、图像处理等多个领域，为各个领域的 Python 开发者提供了极大便利。下面简单介绍各领域常用的生态库。

### 12.1.1   网络爬虫

  网络爬虫是一种按照一定的规则，自动从网络上抓取信息的程序或者脚本。通过网络爬虫可以代替手工完成很多工作。

网络爬虫程序涉及 HTTP 请求、Web 信息提取、网页数据解析等操作,Python 计算生态通过 Requests、Python-Goose、Re、Beautiful Soup、Scrapy 和 PySpider 等库为这些操作提供了强有力的支持,这些库各自的功能介绍如下:

(1)Requests:提供了简单易用的类 HTTP 协议,支持连接池、SSL、Cookies,是 Python 较主要的、功能丰富的网络爬虫功能库。

(2)Python-Goose:专门用于从文章、视频类型的 Web 页面中提取数据。

(3)Re:提供了定义和解析正则表达式的一系列通用功能,除网络爬虫外,还适用于各类需要解析数据的场景。

(4)Beautiful Soup:适用于从 HTML、XML 等 Web 页面中提取数据,它提供一些便捷的、Python 式的函数,使用起来非常简单。

(5)Scrapy:支持快速的、高层次的屏幕抓取和批量、定时的 Web 抓取以及结构性数据的抓取,是一款优秀的网络爬虫框架。

(6)PySpider:是一款爬虫框架,它支持数据库后端、消息队列、优先级、分布式架构等功能,与 Scrapy 相比,它灵活、便捷,更适合小规模的爬取工作。

## 12.1.2 数据分析

数据分析是指用适当的统计分析方法对收集来的大量数据进行分析,将它们加以汇总、理解与标准化,以求最大化地发挥数据的作用。Python 计算生态通过 Numpy、Pandas、SciPy 库为数据分析领域提供支持,这些库各自的功能介绍如下:

(1)Numpy:数据分析离不开科学计算,Numpy 定义了表示 N 维数组对象的类型 ndarray,通过 ndarray 对象可以便捷地存储和处理大型矩阵。它包含了成熟的用于实现线性代数、傅立叶变换和随机数生成的函数,使其能以优异的效率实现科学计算。

(2)Pandas:是一个基于 Numpy 开发的、用于分析结构化数据的工具集,它为解决数据分析任务而生,同时提供数据挖掘和数据清洗功能。

(3)SciPy:是 Python 科学计算程序中会使用的核心库,它用于有效地计算 Numpy 矩阵,可以处理插值、积分、优化等问题,也能处理图像和信号,求解常微分方程数值。

## 12.1.3 文本处理

文本是指书面语言的表现形式,从文学角度说,文本是具有完整系统含义的一个句子或多个句子的组合。

文本处理即对文本内容的处理,包括文本内容的分类、文本特征的提取、文本内容的转换等。Python 计算生态通过 Jieba、HanLP、SnowNLP、Jiagu、NLPIR、PyPDF2、Python-docx 等库为文本处理领域提供支持,这些库各自的功能介绍如下:

(1)Jieba:是一个优秀的 Python 中文分词库,它支持精确模式、全模式和搜索引擎模式这三种分词模式,支持繁体分词、自定义字典,可有效标注词性,从文本中提取关键词。

(2)HanLP:汉语言处理包,是一系列模型与算法组成的 NLP 工具包,由大快搜索主导并完全开源,目标是普及自然语言处理在生产环境中的应用。HanLP 具备功能完善、性能高效、架构清晰、语料时新、可自定义的特点。

（3）SnowNLP：是一个 Python 写的类库，可以方便地处理中文文本内容，是受到了 TextBlob 的启发而写的，由于现在大部分的自然语言处理库基本都是针对英文的，因此写了一个方便处理中文的类库，并且和 TextBlob 不同的是，这里没有用 NLTK，所有的算法都是自己实现的，并且自带了一些训练好的字典。

（4）Jiagu：甲骨 NLP，基于 BiLSTM 模型，使用大规模语料训练而成。将提供中文分词、词性标注、命名实体识别、关键词抽取、文本摘要、新词发现等常用自然语言处理功能。参考了各大工具优、缺点制作，将 Jiagu 回馈给大家。

（5）NLPIR：汉语分词系统，主要功能包括中文分词；英文分词；词性标注；命名实体识别；新词识别；关键词提取；支持用户专业词典与微博分析。NLPIR 系统支持多种编码、多种操作系统、多种开发语言与平台。

（6）PyPDF2：是一个专业且稳定的、用于处理 PDF 文档的 Python 库，它支持 PDF 文件信息的提取、文件内容的按页拆分与合并、页面裁剪、内容加密与解密等。

（7）Python-docx：是一个用于处理 Word 文件的 Python 库，它支持 Word 文件中的标题、段落、分页符、图片、表格、文字等信息的管理，上手非常简单。

## 12.1.4　数据可视化

数据可视化是一门关于数据视觉表现形式的科学技术研究，它既要有效传达数据信息，又需兼顾信息传达的美学形式，二者缺一不可。

Python 生态库主要通过 Matplotlib、Seaborn、Mayavi 等库为数据可视化领域提供支持，这些库各自的功能介绍如下：

（1）Matplotlib：是一个基于 Numpy 开发的 2D Python 绘图库，该库提供了上百种图形化的数据展示形式。Matplotlib 库中 pyplot 包内包含一系列类似 MATLAB 中绘图功能的函数，利用 Matplotlib.pyplot，开发者可以比较方便地生成可视化图表。

（2）Seaborn：在 Matplotlib 的基础上进行了更高级的封装，支持 Numpy 和 Pandas，但它比 Matplotlib 调用更简单，效果更丰富，多数情况下可利用 Seaborn 绘制具有吸引力的图表。

（3）Mayavi：是一个用于实现可视化功能的 3D Python 绘图库，它包含用于实现图形可视化和处理图形操作的 mlab 模块，支持 Numpy 库。

## 12.1.5　机器学习

机器学习是一门涉及概率论、统计学、逼近论、凸分析、算法复杂度理论等多门学科的多领域交叉学科，该学科旨在研究计算机如何模拟或实现人类的学习行为，以获取新的知识或技能，重新组织已有知识结构并不断改善自身。机器学习是人工智能的核心，是计算机具有智能的根本途径。

Python 计算生态主要通过 TensorFlow、Scikit-learn、MXNet 库为机器学习领域提供支持，这些库各自的功能介绍如下：

（1）TensorFlow：是一款以数据流图为基础，由谷歌人工智能团队开发和维护、免费且开源的机器学习计算框架，该框架支撑谷歌人工智能应用，提供了各类应用程序接口。

（2）Scikit-learn：支持分类、回归、聚类、数据降维、模型选择、数据预处理等功能，它提供了一批调用机器学习方法的接口,是 Python 机器学习领域中较优秀的免费库。

(3)MXNet:是一个轻量级分布式可移植深度学习库,它支持多机、多节点、多 GPU 计算,提供可扩展的神经网络以及深度学习计算功能,可用于自动驾驶、语音识别等领域。

## 12.1.6 Web 开发

Web 开发是指基于浏览器而非桌面进行的程序开发。Python 计算生态通过 Django、Flask、Tornado、Twisted 等库为 Web 开发领域提供了支持,这些库各自的功能介绍如下:

(1)Django:是一个免费开源且功能完善的 Web 框架,它采用 MTV 模式,提供 URL 路由映射、Request 上下文和基于模板的页面渲染技术,内置一个功能强大的管理站点,适用于快速搭建企业级、高性能的内容类网站,是 Python 中较流行的 Web 开发框架。

(2)Flask:是 Python Web 领域一个新兴框架,它吸收了其他框架的优点,功能简单,具有可扩展性,一般用于实现小型网站的开发。

(3)Tornado:是一个高并发处理框架,它常被用作大型站点的接口服务框架,而不是建立完整网站的框架。Tornado 同样提供 URL 路由映射、Request 上下文和基于模板的页面渲染技术,此外它还支持异步 I/O,提供超时事件处理,内置了可直接用于生产环境的 HTTP 服务器。

(4)Twisted:Django、Flask 和 Tornado 是基于应用层协议 HTTP 展开的框架,而 Twisted 是一个由事件驱动的网络框架。Twisted 支持多种传输层和应用层协议,支持客户端和服务器双端开发,适用于开发追求服务器程序性能的应用。

## 12.1.7 网络应用开发

网络应用开发是指以网络为基础的应用程序的开发。Python 计算生态通过 WeRoBot、Aip、MyQR 等库为网络应用开发领域提供支持,这些库各自的功能介绍如下:

(1)WeRoBot:该库封装了很多微信公众号接口,提供了解析微信服务器消息及反馈消息的功能,该库简单易用,是建立微信机器人的重要技术手段。

(2)Aip:封装了百度 AI 开放平台接口,利用该库中封装的接口可快速开发各类网络应用,如天气预报、在线翻译、快递查询等。

(3)MyQR:是一个用于生成二维码的 Python 库。

## 12.1.8 游戏开发

游戏开发分为 2D 游戏开发和 3D 游戏开发。Python 计算生态通过 PyGame、Panda3D 库为游戏开发领域提供支持,这些库各自的功能介绍如下:

(1)PyGame:是为开发 2D 游戏而设计的 Python 第三方跨平台库,开发人员利用 PyGame 中定义的接口,可以方便快捷地实现诸如图形用户界面创建、图形和图像的绘制、用户键盘和鼠标操作的监听以及播放音频等游戏中常用的功能。

(2)Panda3D:是由迪士尼 VR 工作室和卡耐基梅隆娱乐技术中心开发的一个 3D 渲染和游戏开发库,该库强调能力、速度、完整性和容错能力,提供场景浏览器、性能监视器和动画优化工具,并通过完善代码来有效降低开发者跟踪和分析错误的难度。

## 12.1.9 图形艺术

图形艺术是一种通过标志来表现意义的艺术。标志是一些单纯、显著、易识别的具有指代性或具有表达意义、情感和指令等作用的物象、图形或文字符号,也是图形艺术的表现手段。Python 计算生态通过 Turtle、Ascii_art 和 Quads 库为图形艺术领域提供支持,这些库各自的工具介绍如下:

(1)Turtle:提供了绘制线、圆以及其他形状的函数,使用该库可以创建图形窗口,在图形窗口中通过简单重复动作直观地绘制界面与图形。

(2)Quads:是一个基于四叉树和迭代操作的图形艺术库,其功能是以图像作为输入,将输入图像分为四个象限,根据输入图像中的颜色为每个象限分配平均颜色,误差最大的象限会被分成四个子象限以完善图像,以上过程重复 N 次。

(3)Ascii_art:是一种使用纯字符表示图像的技术,Python 的 Ascii_art 库提供了对该技术的支持,该库可对接收到的图片进行转换,以字符形式重构图片并输出。

## 12.1.10 图像处理

图像处理一般是指数字图像处理。数字图像是指用工业相机、摄像机和扫描仪等设备经过拍摄得到的一个大的二维数组,这个数组的元素称为像素,其值称为灰度值,图像处理技术一般包括图像压缩、增强和复原、图像匹配、描述和识别。

Python 计算生态通过 Numpy、Scipy、Pillow、OpenCV-Python 等库为图像处理领域提供支持,这些库各自的功能介绍如下:

(1)Numpy:数字图像的本质是数组,Numpy 定义的数组类型非常适用于存储图像;Numpy 提供基于数组的计算功能,利用这些功能可以很方便地修改图像的像素值。

(2)Scipy:Scipy 提供了对 N 维 Numpy 数组进行运算的函数,这些函数实现的功能,包括线性和非线性滤波、二值形态、B 样条插值等都适用于图像处理。

(3)Pillow:是 PIL 库的一个分支,也是支持 Python3 的图像处理库,该库提供了对不同格式图像文件的打开和保存操作,也提供了包括点运算、色彩空间转换等基本的图像处理功能。

(4)OpenCV-Python:是 OpenCV 的 Python 版 API,OpenCV 是基于 BSD 许可发行的跨平台计算机视觉库,该库内部代码由 C/C++编写,实现了图像处理和计算机视觉方面的很多通用算法。OpenCV-Python 以 Python 代码对 OpenCV 进行封装,因此该库既方便使用又非常高效。

## 12.2 Python 常用内置生态库

Python常用内置生态库和第三方库

## 12.2.1 random 库

**1.random 库概述**

random 是 Python 内置的标准库,在程序中导入该库,可利用库中的函数生成随机数据。random 库采用梅森旋转算法生成伪随机序列,可用于除随机性要求更高的加解密算法外的大多数工程应用。

使用 random 库的主要目的是生成随机数,因此,使用时只需要查阅该库中随机数生成函数,找到符合使用场景的函数即可。该库提供了不同类型的随机数函数,所有函数都是基于最基本的 random.random()函数扩展实现。random 库中常用的函数见表 12-1。

表 12-1　　　　　　　　　　　　　　random 库中常用的函数

| 函数 | 函数说明 |
| --- | --- |
| seed(a＝None) | 初始化随机数种子,默认值为当前系统时间 |
| random() | 用于生成一个随机浮点数 n,0＜＝n＜1.0 |
| uniform(a,b) | 用于生成一个指定范围内的随机浮点数 n,若 a＜b,则 a＜＝n＜＝b;若 a＞b,则 b＜＝n＜＝a |
| randint(a,b) | 用于生成一个指定范围内的整数 n,a＜＝n＜＝b |
| randrange([start,]stop[,step]) | 生成一个按指定基数递增的序列,再从该序列中获取一个随机数 |
| choice(sequence) | 从序列中获取一个随机元素,参数 sequence 表示一个有序类型 |
| shuffle(x[,random]) | 将序列 x 中的元素随机排列 |
| sample(sequence,k) | 从指定序列中获取长度为 k 的片段,随机排列后返回新的序列。该函数可以基于不可变序列进行操作 |

上述 random 库函数分为两类:基本随机函数和扩展随机函数。

基本随机函数包括:seed()、random()。

扩展随机函数包括:randint()、uniform()、randrange()、choice()、sample()、shuffle()。

**2.random 库函数的使用**

使用 random 库函数,必须先引用 random 库。random 库有两种引用方式:

import random 或者 from random import ＊

基本随机函数使用:

(1)seed(a＝None)

初始化给定的随机数种子,默认为当前系统时间。

解释:所谓随机数其实是伪随机数,所谓的"伪",意思是这些数其实是有规律的,只不过因为算法规律太复杂,很难看出来。所谓巧妇难为无米之炊,再厉害的算法,没有一个初始值,它也不可能凭空造出一系列随机数来,在这里说的种子就是这个初始值。

random 随机数是这样生成的:如果将这套复杂的算法(随机数生成器)看成一个黑盒,把准备好的种子放进去,它会返回两个东西,一个是想要的随机数,另一个是保证能生成下一个随机数的新的种子,把新的种子放进黑盒,又得到一个新的随机数和一个新的种子,以此类推。

示例代码如下:

```
#1.seed()方法案例演示
import random
num = 0
while(num < 5):
    random.seed(5)
    print(random.random())
```

```
    num += 1
print('--------两种用法之间的分割线---------')
num1 = 0
random.seed(10)
while(num1 < 5):
    print(random.random())
    num1 += 1
```

输出结果为：

```
0.6229016948897019
0.6229016948897019
0.6229016948897019
0.6229016948897019
0.6229016948897019
--------两种用法之间的分割线---------
0.5714025946899135
0.4288890546751146
0.5780913011344704
0.20609823213950174
0.81332125135732
```

上述 2 段代码的解释：

第一段代码把对种子的设置放在了循环里面，每次执行循环都告诉黑盒："我的种子是 5"。那么，同一个黑盒，同一个种子，自然得到的是同一个随机数。

第二段代码把对种子的设置放在了循环外面，只在第一次循环的时候明确地告诉黑盒："我的种子是 10"。那么，从第二次循环开始，黑盒用的就是自己生成的新种子了。

总结：因为黑盒是始终如一的，所以只要不改变种子，那么得到的随机数就不会改变。

（2）random()

生成一个[0.0，1.0)之间的随机小数。示例代码如下：

```
random.random()
```

输出结果为（每次结果不一样）：

```
0.8235888725334455
```

扩展随机函数的使用，示例代码如下：

```
#2.扩展随机函数的使用
#(1)randint(a, b)  生成一个[a, b]之间的整数
print('(1):',random.randint(10,100))
#(2)randrange(m, n[, k])  生成一个[m, n]之间以 k 为步长的随机整数
print('(2):',random.randrange(10,100,10))
#(3)uniform(a, b) 生成一个[a, b]之间的随机小数
print('(3):',random.uniform(10,100))
#(4)choice(seq)  从序列 seq 中随机选择一个元素
print('(4):',random.choice([1,2,3,4,5,6,7,8,9]))
```

```
#(5)shuffle(seq)将序列 seq 中元素随机排列,返回打乱后的序列
s = [1,2,3,4,5,6,7,8,9]
random.shuffle(s)
print('(5):',s)
#(6) 从序列中获取长度为 3 的片段,随机排序后返回新的序列
print('(6):',random.sample(('python','java','php','c++'),k=3))
```
输出结果为:
(1):96
(2):50
(3):51.11480359524751
(4):5
(5):[9, 8, 1, 5, 7, 2, 4, 3, 6]
(6):['java', 'python', 'php']

## 12.2.2 datetime 库

### 1.datetime 库概述

在日常的开发中,经常需要用到日期与时间来实现日志信息内容的时间输出、某个功能模块的执行时间、日期自动生成日志文件名称、记录或修改某个功能模块的具体时间等功能。

Python 中提供了多个用于对日期和时间进行操作的内置模块:time 模块、datetime 模块和 calendar 模块。其中 time 模块是通过调用 C 库实现的,所以有些方法在某些平台上可能无法调用,但是其提供的大部分接口与 C 标准库 time.h 基本一致。与 time 模块相比,datetime 模块提供的接口更直观、易用,功能也更加强大。因此,下面只介绍 datetime 模块,time 模块可以自行学习。

### 2.datetime 库中包含的类

datetime 库提供了处理日期和时间的类,既有简单的方式,又有复杂的方式。它虽然支持日期和时间算法,但其实现的重点是为输出格式化和操作提供高效的属性提取功能。

datetime 库中包含的类说明见表 12-2。

表 12-2 　　　　　　　　　　　　　datetime 库中包含的类说明

| 类 | 说明 |
| --- | --- |
| datetime.date | 表示日期,常用的属性有:year、month 和 day |
| datetime.time | 表示时间,常用属性有:hour、minute、second、microsecond |
| datetime.datetime | 表示日期、时间 |
| datetime.timedelta | 表示 date、time、datetime 实例之间的时间间隔,分辨率(最小单位)可达到微秒 |
| datetime.tzinfo | 与时区相关信息对象的抽象基类。它们由 datetime 和 time 类使用,以提供自定义时间。 |
| datetime.timezone | Python 3.2 中新增的功能,实现 tzinfo 抽象基类的类,表示与 UTC 的固定偏移量 |

需要说明的是,上述这些类的对象都是不可变的。

datetime 库中定义的常量见表 12-3。

**表 12-3** datetime **库中定义的常量**

| 常量名称 | 说明 |
|---|---|
| datetime.MINYEAR | datetime.date 或 datetime.datetime 对象所允许的年份的最小值,值为 1 |
| datetime.MAXYEAR | datetime.date 或 datetime.datetime 对象所允许的年份的最大值,值为 9999 |

**3.datatime 库中常用类的使用**

下面以 datetime 库下的 datetime 类为例进行简要说明,data 类以及 time 类请自行查 API 进行学习。

datetime 类的定义:

class datetime.datetime(year, month, day, hour = 0, minute = 0, second = 0, microsecond=0, tzinfo=None)

year、month 和 day 是必须要传递的参数,tzinfo 可以是 None 或 tzinfo 子类的实例。各参数的取值范围为表 12-4。

**表 12-4** datetime **类各参数取值范围**

| 参数名称 | 取值范围 |
|---|---|
| year | [MINYEAR, MAXYEAR] |
| month | [1, 12] |
| day | [1,指定年份的月份中的天数] |
| hour | [0, 23] |
| minute | [0, 59] |
| second | [0, 59] |
| microsecond | [0, 1000000] |
| tzinfo | tzinfo 的子类对象,如 timezone 类的实例 |

如果在使用过程中,参数超出了这些范围,会引起 ValueError 异常。

datetime 类的方法和属性见表 12-5。

**表 12-5** datetime **类的方法和属性**

| 类方法/属性名称 | 说明 |
|---|---|
| datetime.today() | 返回一个表示当前本期日期时间的 datetime 对象 |
| datetime.now([tz]) | 返回指定时区日期时间的 datetime 对象,如果不指定 tz 参数,则结果同上 |
| datetime.utcnow() | 返回当前 utcnow 日期时间的 datetime 对象 |
| datetime.fromtimestamp(timestamp[, tz]) | 根据指定的时间戳创建一个 datetime 对象 |
| datetime.utcfromtimestamp(timestamp) | 根据指定的时间戳创建一个 datetime 对象 |
| datetime.combine(date, time) | 把指定的 date 和 time 对象整合成一个 datetime 对象 |
| datetime.strptime(date_str, format) | 将时间字符串转换为 datetime 对象 |

datetime 对象的方法和属性见表 12-6。

表 12-6　　　　　　　　　**datetime 对象的方法和属性**

| 对象方法/属性名称 | 说明 |
| --- | --- |
| dt.year，dt.month，dt.day | 年、月、日 |
| dt.hour，dt.minute，dt.second | 时、分、秒 |
| dt.microsecond，dt.tzinfo | 微秒、时区信息 |
| dt.date() | 获取 datetime 对象对应的 date 对象 |
| dt.time() | 获取 datetime 对象对应的 time 对象，tzinfo 为 None |
| dt.timetz() | 获取 datetime 对象对应的 time 对象，tzinfo 与 datetime 对象的 tzinfo 相同 |
| dt.replace([year[，month[，day[，hour[，minute[，second[，microsecond[，tzinfo]]]]]]]]) | 生成并返回一个新的 datetime 对象，如果所有参数都没有指定，则返回一个与原 datetime 对象相同的对象 |
| dt.timetuple() | 返回 datetime 对象对应的 tuple(不包括 tzinfo) |
| dt.utctimetuple() | 返回 datetime 对象对应的 utc 时间的 tuple(不包括 tzinfo) |
| dt.toordinal() | 同 date 对象 |
| dt.weekday() | 同 date 对象 |
| dt.isocalendar() | 同 date 对象 |
| dt.isoformat([sep]) | 返回一个%Y-%m-%d |
| dt.ctime() | 等价于 time 模块的 time.ctime(time.mktime(d.timetuple())) |
| dt.strftime(format) | 返回指定格式的时间字符串 |

实例代码如下：

```
#datetime 库的使用
from datetime import datetime,timezone
import time
print('today:',datetime.today())
print('now:',datetime.now())
print('utcnow:',datetime.utcnow())
print('fromtimestamp:',datetime.fromtimestamp(time.time()))
print('utcfromtimestamp:',datetime.utcfromtimestamp(time.time()))
print('datetime.strptime:',datetime.strptime('2021/07/25 12:48','%Y/%m/%d %H:%M'))

dt = datetime.now()
print(dt.year,'年',dt.month,'月',dt.day,'日',dt.hour,'时',dt.minute,'分',dt.second,'秒')
```

输出结果为：

```
today:2021-07-25 12:55:18.318752
now:2021-07-25 12:55:18.318751
utcnow:2021-07-25 04:55:18.318751
fromtimestamp:2021-07-25 12:55:18.318752
utcfromtimestamp:2021-07-25 04:55:18.319786
datetime.strptime:2021-07-25 12:48:00
2021 年 7 月 25 日 12 时 55 分 18 秒
```

**4.datetime 时间格式化方法 strftime( )**

time 模块 的 struct＿time 以 及 datetime 模块 的 datetime、date、time 类都提供了 strftime( )方法,该方法可以输出一个指定格式的时间字符串。具体格式由一系列的格式控制符(格式字符)组成,Python 最终调用的是各个平台 C 库的 strftime( )函数,因此各个平台对全套格式控制符的支持会有所不同,具体情况需要参考该平台上的 strftime 文档。strftime( )方法的格式化控制符见表 12-7。

**表 12-7** strftime( )方法的格式化控制符

| 格式化字符串 | 日期/时间 | 值范围和实例 |
|---|---|---|
| ％Y | 年份 | 0001-9999,例如:1600 |
| ％m | 月份 | 01-12,例如:08 |
| ％B | 月名 | January-December,例如:August |
| ％b | 月名缩写 | Jan-Dec,例如:Aug |
| ％d | 日期 | 01-31,例如:28 |
| ％A | 星期 | Monday-Sunday,例如:Friday |
| ％a | 星期缩写 | Mon-Sun,例如:Fri |
| ％H | 小时(24h 制) | 00-23,例如:13 |
| ％M | 分钟 | 00-59,例如:12 |
| ％S | 秒 | 00-50,例如:30 |
| ％x | 日期 | 月/日/年,例如:07/25/2021 |
| ％X | 时间 | 时:分:秒,例如:13:14:30 |

strftime( )方法使用示例代码如下：

```
＃strftime()方法使用
from datetime import datetime
now = datetime.now()    ＃current date and time
year = now.strftime("％Y")
print("year:", year)
month = now.strftime("％m")
print("month:", month)
day = now.strftime("％d")
print("day:", day)
time = now.strftime("％H:％M:％S")
print("time:", time)
date_time = now.strftime("％Y-％m-％d, ％H:％M:％S")
print("date and time:",date_time)
```

输出结果为：

```
year:2021
month:07
day:25
time:13:19:18
date and time:2021-07-25, 13:19:18
```

## 12.3 Python 第三方库的安装

Python 语言有两个类库,分别为标准库和第三方库,标准库随 Python 安装包一起发布,用户可以随时使用,第三方库需要安装后才能使用。随着官方 pip 工具的应用,Python 第三方库的安装变得非常简单。

Python 第三方库有三种安装方式,分别为使用 pip 工具安装、文件安装和集成开发工具(IDE)PyCharm 在线自动安装。下面分别介绍三种安装方式:

### 12.3.1 使用 pip 工具安装

Python 第三方库安装方式是采用 pip 工具安装的。pip 是 Python 官方提供并维护的在线第三方库安装工具。pip 是 Python 内置命令,需要通过命令执行,打开 cmd 命令行窗口,执行 pip -h 命令将列出 pip 常用的子命令,如图 12-1 所示。

```
命令提示符

Microsoft Windows [版本 10.0.19043.1110]
(c) Microsoft Corporation。保留所有权利。

C:\Users\pan>pip -h

Usage:
  pip <command> [options]

Commands:
  install                     Install packages.
  download                    Download packages.
  uninstall                   Uninstall packages.
  freeze                      Output installed packages in requirements format.
  list                        List installed packages.
  show                        Show information about installed packages.
  check                       Verify installed packages have compatible dependencies.
  config                      Manage local and global configuration.
  search                      Search PyPI for packages.
  wheel                       Build wheels from your requirements.
  hash                        Compute hashes of package archives.
  completion                  A helper command used for command completion.
  debug                       Show information useful for debugging.
  help                        Show help for commands.

General Options:
  -h, --help                  Show help.
```

图 12-1  pip 常用子命令

由上图可知,pip 常用子命令包括:install(安装)、download(下载)、uninstall(卸载)、list(列表查看)、show(查看)、search(查找)等。

pip 子命令格式如下:

```
pip install    <拟安装库名>              #安装一个库
pip install -U  <拟安装库名>             #更新一个库
```

pip uninstall ＜拟卸载库名＞ ♯卸载一个库

pip list ♯列出当前系统已安装的所有库

pip show ＜拟查询库名＞ ♯查看已安装库的详细信息

pip download ＜拟下载库名＞ ♯下载第三方库的安装包,但是并不安装

pip search ＜拟查询关键字＞ ♯联网搜索库名或摘要中的关键字

例如,以 pygame 库为例,pip 工具默认从网络上的仓库中自动下载 pygame 库安装文件并安装到系统中,使用-U 标签可以更新已安装库的版本,使用 uninstall 可以卸载 pygame。具体操作如图 12-2 所示。

```
C:\Users\pan>pip install pygame
Collecting pygame
  Using cached pygame-2.0.1-cp37-cp37m-win_amd64.whl (5.2 MB)
Installing collected packages: pygame
Successfully installed pygame-2.0.1

C:\Users\pan>pip install -U pygame
Requirement already up-to-date: pygame in c:\users\pan\anaconda3\lib\site-packages (2.0.1)

C:\Users\pan>pip uninstall pygame
Found existing installation: pygame 2.0.1
Uninstalling pygame-2.0.1:
  Would remove:
    c:\users\pan\anaconda3\include\pygame\_camera.h
    c:\users\pan\anaconda3\include\pygame\_pygame.h
    c:\users\pan\anaconda3\include\pygame\_surface.h
    c:\users\pan\anaconda3\include\pygame\camera.h
    c:\users\pan\anaconda3\include\pygame\fastevents.h
    c:\users\pan\anaconda3\include\pygame\font.h
```

图 12-2　pip 工具安装、更新、卸载库示例

判断库是否已经安装,可以通过 list 子命令列出当前系统中已经安装的第三方库,如图 12-3所示,下图只显示部分内容。

```
C:\Users\pan>pip list
Package                    Version

absl-py                    0.11.0
alabaster                  0.7.12
anaconda-client            1.7.2
anaconda-navigator         1.9.12
anaconda-project           0.8.3
argh                       0.26.2
asn1crypto                 1.3.0
astroid                    2.3.3
astropy                    4.0
astunparse                 1.6.3
atomicwrites               1.3.0
attrs                      19.3.0
```

图 12-3　pip list 显示已安装库

如果想查看某个已经安装库的详细信息,可以使用 pip show 命令,如图 12-4 所示。

其他库的安装思路相同,前面章节已做简要介绍,可自行尝试使用。pip 是 Python 第三方库最主要的安装方式,可以安装超过 90％以上的第三方库。然而,由于一些历史、技术

和政策等原因,还有一些第三方库暂时无法用 pip 安装,此时,还需要其他的安装方法。

pip 工具与操作系统有关,在 Linux 等操作系统中,pip 工具几乎可以安装任何 Python 第三方库,在 Windows 操作系统中,有一些第三方库仍然需要使用其方他式尝试安装。

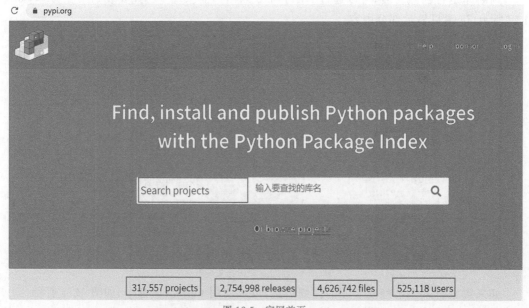

图 12-4　pip show 查看已安装库信息

## 12.3.2 文件安装

如果通过 pip 工具自动安装失败,那么可以考虑下载安装源文件后在本地安装。

第三方库的下载方式有 2 种:官网下载和 pip 命令行(pip download)下载。

**1.官网下载**

可以在 The Python Package Index（PyPI）软件库的官网主页查询、下载和发布 Python 包或库。官网首页如图 12-5 所示。

图 12-5　官网首页

以 numpy 为例进行查询如图 12-6 所示。先输入库名,然后选择版本,进入相关版本主页进行下载,选择 windows 或 linux 平台适用于 python 相应版本的安装包,安装包的扩展名为.whl。

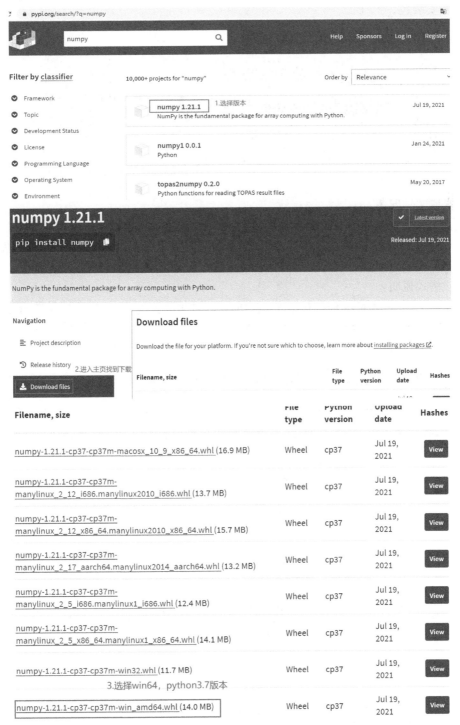

图 12-6　第三方库 numpy 官网下载示例

**2.pip 命令行下载（pip download numpy）**

pip download numpy 命令下载如图 12-7 所示。该命令会自动下载对应平台和适配版本的最新安装包。

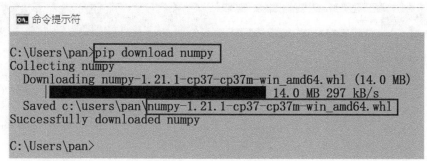

图 12-7　pip 命令行下载示例

**3.本地文件安装**

使用 pip 命令安装已下载到本地的安装文件，找到已下载安装包的路径，本教材路径为：(c:\users\pan\numpy-1.21.1-cp37-cp37m-win_amd64.whl)，使用如下命令进行安装：

pip install　c:\users\pan\numpy-1.21.1-cp37-cp37m-win_amd64.whl　♯安装 numpy 库

whl 格式说明：

whl 是 Python 库的一种打包格式，是 Python 打包格式的事实标准，用于通过 pip 进行安装，相当于 Python 库的安装包文件。whl 是一个压缩格式文件，可以通过修改扩展名为 zip 进行查看其中的内容。

## 12.3.3　集成开发工具（IDE）PyCharm 在线安装

第三方库也可以通过集成开发工具 PyCharm 进行在线安装或者更新。打开 PyCharm，找到菜单中 File→Settings。具体操作步骤如图 12-8、图 12-9、图 12-10 所示。

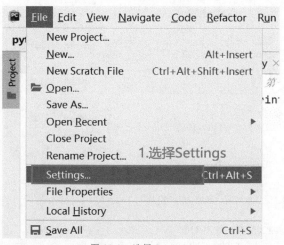

图 12-8　选择 Settings

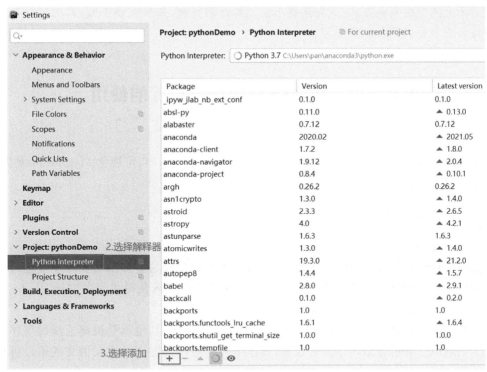

图 12-9　选择解释器进行添加

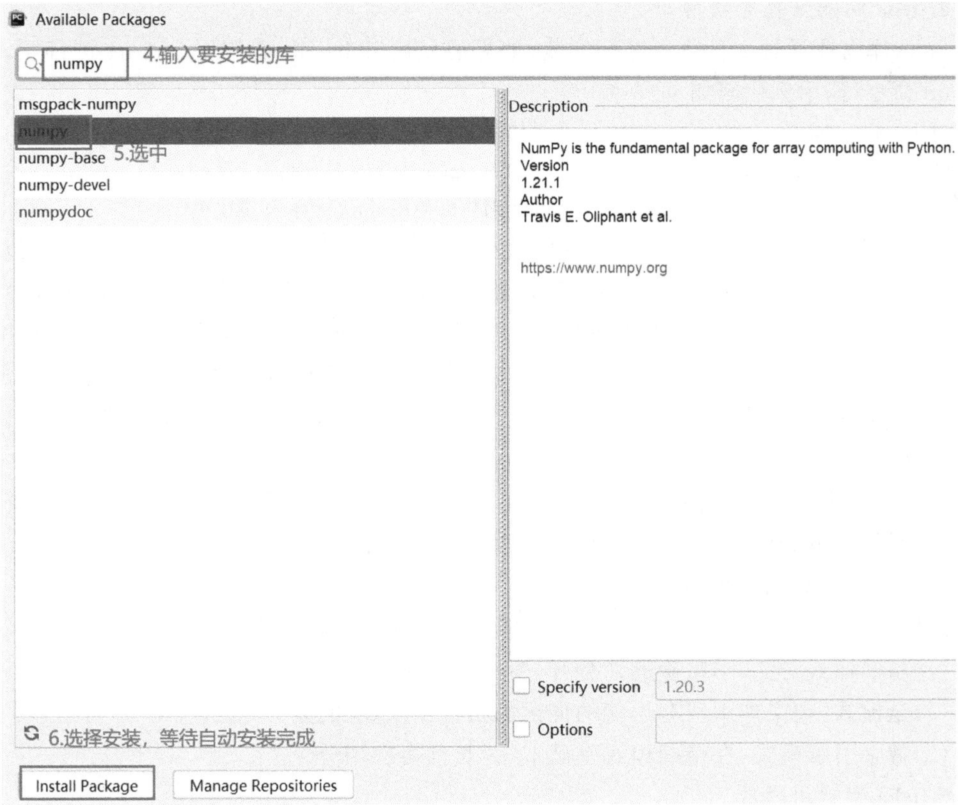

图 12-10　查找安装库进行在线安装

对于上述 3 种安装方式,优先选择 pip 工具自动安装,如果安装失败,再尝试使用本地文件安装或者集成开发工具安装。

## 12.4 Python 常用第三方库的使用

下面分别以中文分词工具 jieba 库、词云展示 wordcloud 库、可视化 Matplotlib 库为例,介绍常用第三方库的安装与使用。

### 12.4.1 jieba 库

**1.jieba 库概述**

jieba(结巴)库是优秀的中文分词第三方库,需要额外安装。如果需要对中文进行词频统计、特征提取等操作,就需要将中文文本通过分词工具分词获得单个的词语。jieba 库因为在中文分词领域表现优秀而备受青睐。

中文分词是指将一个汉字序列切分成一个一个单独的词,也就是说将连续的字序列按照一定的规范重新组合成词序列的过程,其作用就是将用户输入的中文语句或语段拆成若干汉语词汇。

**2.jieba 库的安装与使用**

jieba 库需要通过 pip 命令进行安装,如果要使用 jieba 库,需使用 import 进行导入,打开 cmd 命令行,示例代码如下:

```
pip install jieba              # 使用 pip 安装 jieba 库
或者 conda install jieba        # 使用 conda 安装 jieba 库
import jieba                   # 使用前先使用 import 导入 jieba 库
```

pip 工具和 conda 工具类似,都可以安装 Python 第三方库。其中 pip 是 Python 包的通用管理器,是 Python 的官方认可的包管理器,最常用于安装在 Python 包索引(PyPI)上发布的包;conda 是一种通用包管理系统,是想要构建和管理任何语言的任何类型的软件。因此,它也适用于 Python 包。conda 是一个与语言无关的跨平台环境管理器。pip 与 conda 区别在于 pip 在任何环境中安装 Python 包,conda 需要安装在 conda 环境中来安装任何包。

**3.jieba 库的分词原理**

jieba 分词依靠中文词库,利用一个中文词库,确定汉字之间的关联概率,汉字间概率大的组成词组,形成分词结果。除了分词外,用户还可以添加自定义的词组。

**4.jieba 库分词的三种模式**

jieba 库分词的三种模式分别为:精确模式、全模式、搜索引擎模式。

(1)精确模式:把文本精确的切分开,不存在冗余单词。

(2)全模式:把文本中所有可能的词语都扫描出来,有冗余。

(3)搜索引擎模式:在精确模式基础上,对长词再次切分。

**5.jieba 库常用函数**

jieba 库常用函数见表 12-8。

表 12-8                                        jieba 常用函数表

| 函数 | 函数描述与示例 |
|---|---|
| jieba.cut(s) | 精确模式：对文本 s 进行分词，返回一个可迭代对象<br>示例代码：print('cut 结果：',jieba.cut("为中华民族的伟大复兴而奋斗！"))<br>print('list(cut)转换结果：',list(jieba.cut("为中华民族的伟大复兴而奋斗！")))<br>执行结果：cut 结果：＜generator object Tokenizer.cut at 0x000001924BAEF7C8＞<br>list(cut)转换结果：['为','中华民族','的','伟大','复兴','而','奋斗','！'] |
| jieba.cut(s, cut_all＝True) | 全模式（默认）：对文本 s 进行分词，输出文本 s 中出现的所有词。分词存在冗余，返回一个可迭代对象<br>示例代码：print('cut 结果：',jieba.cut("为中华民族的伟大复兴而奋斗！",cut_all＝True))<br>print('list(cut)转换结果：',list(jieba.cut("为中华民族的伟大复兴而奋斗！",cut_all＝True)))<br>执行结果：cut 结果：＜generator object Tokenizer.cut at 0x000001924BAEFDC8＞<br>list(cut)转换结果：['为','中华','中华民族','民族','的','伟大','复兴','而','奋斗','！'] |
| jieba.cut_for_search(s) | 搜索引擎模式：对文本 s 进行分词，存在冗余，返回可迭代对象<br>示例代码：print('cut 结果：',jieba.cut_for_search('为中华民族的伟大复兴而奋斗！'))<br>print('list(cut)转换结果：',list(jieba.lcut_for_search('为中华民族的伟大复兴而奋斗！')))<br>执行结果：cut 结果：<br>＜generator object Tokenizer.cut_for_search at 0x000001924BAEF7C8＞<br>list(cut)转换结果：['为','中华','民族','中华民族','的','伟大','复兴','而','奋斗','！'] |
| jieba.lcut(s) | 精确模式：返回一个列表类型的分词结果<br>示例代码：jieba.lcut("为中华民族的伟大复兴而奋斗！")<br>执行结果：['为','中华民族','的','伟大','复兴','而','奋斗','！'] |
| jieba.lcut(s,cut_all＝True) | 全模式：返回一个列表类型的分词结果，存在冗余<br>示例代码：jieba.lcut("为中华民族的伟大复兴而奋斗！",cut_all＝True)<br>执行结果：['为','中华','中华民族','民族','的','伟大','复兴','而','奋斗','！'] |
| jieba.lcut_for_search(s) | 搜索引擎模式：返回一个列表类型的分词结果，存在冗余<br>示例代码：list(jieba.lcut_for_search('为中华民族的伟大复兴而奋斗！'))<br>执行结果：['为','中华','民族','中华民族','的','伟大','复兴','而','奋斗','！'] |
| jieba.add_word(w) | 向分词词典增加新词 w，新词添加后，进行分词时不会对该词进行划分<br>jieba.add_word("python 生态库")<br>示例代码：jieba.lcut('我正在努力学习 python 生态库！')<br>执行结果：['我','正在','努力学习','python 生态库','！'] |

**6.jieba 库的扩展知识**

jieba 库的几个分词接口：cut、lcut、posseg.cut、posseg.lcut。

（1）cut 提供最基本的分词功能，返回的结果是生成器 generator，可通过迭代的方法访

问各个分词。调用 list() 函数返回的结果和调用 lcut() 返回的结果是一样的。

(2)lcut 和 cut 方法的区别是:lcut 返回的是 list,也可以通过 list(jieba.cut()) 来等价 jieba.lcut()。

(3)posseg.cut 和 posseg.lcut 的区别雷同,只不过 posseg.cut 还提供了词性,方便对句法做分析。

### 7.jieba 库的基本使用

jieba 库函数在 JupyterNotebook 下的代码示例如图 12-11 所示。

```
In [16]: # jieba库的使用
         import jieba
         # 1. 精确模式
         print('lcut结果:', jieba.lcut("为中华民族的伟大复兴而奋斗！"))
         print('cut结果:', jieba.cut("为中华民族的伟大复兴而奋斗！"))
         print('list(cut)转换结果:', list(jieba.cut("为中华民族的伟大复兴而奋斗！")))

         lcut结果: ['为', '中华民族', '的', '伟大', '复兴', '而', '奋斗', '！']
         cut结果: <generator object Tokenizer.cut at 0x000001924B761AC8>
         list(cut)转换结果: ['为', '中华民族', '的', '伟大', '复兴', '而', '奋斗', '！']
```

```
In [17]: # 2. 全模式
         print('lcut结果:', jieba.lcut("为中华民族的伟大复兴而奋斗！", cut_all=True))
         print('cut结果:', jieba.cut("为中华民族的伟大复兴而奋斗！", cut_all=True))
         print('list(cut)转换结果:', list(jieba.cut("为中华民族的伟大复兴而奋斗！", cut_all=True)))

         lcut结果: ['为', '中华', '中华民族', '民族', '的', '伟大', '复兴', '而', '奋斗', '！']
         cut结果: <generator object Tokenizer.cut at 0x000001924B761848>
         list(cut)转换结果: ['为', '中华', '中华民族', '民族', '的', '伟大', '复兴', '而', '奋斗', '！']
```

```
In [18]: # 3. 搜索引擎模式
         print('lcut结果:', jieba.lcut_for_search('为中华民族的伟大复兴而奋斗！'))
         print('cut结果:', jieba.cut_for_search('为中华民族的伟大复兴而奋斗！'))
         print('list(cut)转换结果:', list(jieba.lcut_for_search('为中华民族的伟大复兴而奋斗！')))

         lcut结果: ['为', '中华', '民族', '中华民族', '的', '伟大', '复兴', '而', '奋斗', '！']
         cut结果: <generator object Tokenizer.cut_for_search at 0x000001924B761BC8>
         list(cut)转换结果: ['为', '中华', '民族', '中华民族', '的', '伟大', '复兴', '而', '奋斗', '！']
```

```
In [19]: # 4. 向词典增加新词
         jieba.add_word("python生态库")  # 新词添加后, 进行分词时不会对该词进行划分
         jieba.lcut('我正在努力学习Python生态库！')

Out[19]: ['我', '正在', '努力学习', 'Python生态库', '！']
```

图 12-11  jieba 库函数使用示例

## 12.4.2  wordcloud 库

### 1.wordcloud 库概述

词云是近年来在网络上兴起的一种图形化信息传递方式,通过词云图片,浏览者可以快速接收到关键信息。程序在生成词云图时会过滤掉大量的文本信息,将关键文本组成类似云朵的彩色图像。

wordcloud 是优秀的词云展示第三方库,词云以词语为基本单位,更加直观和艺术地展示文本。红楼梦人物角色词云示例如图 12-12 所示。

图 12-12　红楼梦人物角色词云示例

**2.wordcloud 库的安装**

wordcloud 有 2 种方式,pip 安装或者 conda 安装。具体安装步骤如下:

(1)首先进入 cmd 命令行

(2)执行如下命令:

pip install wordcloud

pip install imageio

pip install matplotlib

(3)如果使用的是 Anaconda 下的解释器,请执行如下命令:

conda install -c conda-forge wordcloud

conda install -c conda-forge imageio

conda install -c conda-forge matplotlib

(4)执行完毕,请使用 pip list 或者 conda list 查看是否安装成功。

**3.wordcloud 库的使用**

第三方库 wordcloud 是专用于实现词云功能的库,wordcloud 库把词云当作一个 WordCloud 对象,wordcloud.WordCloud()代表一个文本对应的词云,可以根据文本中词语出现的频率等参数绘制词云,并支持对词云的形状、颜色和大小等属性进行设置。

生成词云的主要步骤如下:

(1)利用 WordCloud 类的构造方法 WordCloud()创建词云对象。

(2)利用 WordCloud 对象的 generate()方法加载词云文本。

(3)利用 WordCloud 对象的 to_file()方法生成词云。

上述步骤中用到的函数说明见表 12-9。

表 12-9　　　　　　　　　　　　　　wordcloud 库常用函数

| 函数 | 说明 |
| --- | --- |
| WordCloud() | 创建词云对象,具体参数说明见表 12-10 |
| generate() | generate()方法需要接收一个字符串作为参数,需要注意的是,若 generate()方法中的字符串为中文,在创建 WordCloud 对象时必须指定字体路径 |
| to_file() | to_file()方法用于以图片形式输出词云,该方法接收一个表示图片文件名的字符串作为参数,图片可以为.png 或.jpg 格式 |
| imread() | matplotlib.image 中定义的 imread()函数用于加载图片文件,其语法格式如下:imread(filename,flags=1)<br>利用 imread()函数读取.png 格式的图片,wordcloud 会根据图片的可见区域生成相应形状的词云 |

上述步骤(1)中用到的 WordCloud()方法在创建词云对象时,可通过参数设置词云的属性,参数及参数说明见表 12-10。

表 12-10　　　　　　　　　　WordCloud()方法的参数及参数说明

| 参数 | 说明 |
|---|---|
| width | 指定词云对象生成图片的宽度,默认为 400 像素<br>w＝wordcloud.WordCloud(width＝600) |
| height | 指定词云对象生成图片的高度,默认为 200 像素<br>w＝wordcloud.WordCloud(height＝400) |
| min_font_size | 指定词云中字体的最小字号,默认为 4 号<br>w＝wordcloud.WordCloud(min_font_size＝10) |
| max_font_size | 指定词云中字体的最大字号,默认根据高度自动调节<br>w＝wordcloud.WordCloud(max_font_size＝20) |
| font_step | 指定词云中字体字号的步进间隔,默认为 1<br>w＝wordcloud.WordCloud(font_step＝2) |
| font_path | 指定字体文件的路径,默认为当前路径<br>w＝wordcloud.WordCloud(font_path＝"msyh.ttc") |
| max_words | 指定词云显示的最大单词数量,默认为 200<br>w＝wordcloud.WordCloud(max_words＝20) |
| stop_words | 指定词云的排除词列表,即不显示的单词列表<br>w＝wordcloud.WordCloud(stop_words＝{"Python"}) |
| background_color | 指定词云图片的背景颜色,默认为黑色<br>w＝wordcloud.WordCloud(background_color＝"white") |
| mask | 指定词云形状,默认为长方形,需要引用 imread()函数<br>from scipy.misc import imread<br>mk＝imread("pic.png")<br>w＝wordcloud.WordCloud(mask＝mk) |

### 4.wordcloud 库的应用案例

下面分别以生成英文词云和中文词云为例说明词云的应用。

英文词云应用实例如图 12-13 所示。

```
In [7]:  # 词云应用案例1: 生成英文文本词云图
         import wordcloud
         txt = 'life is short , you need Python'           # 英文以空格分隔单词
         w = wordcloud.WordCloud(background_color='white')  # 步骤1: 配置对象参数
         w.generate(txt)                                    # 步骤2: 加载词云文本
         w.to_file('pywcloud1.png')                         # 步骤3: 输出词云文件
         #以下代码是使用matplotlib绘制图形
         import matplotlib.pyplot as plt
         plt.imshow(w)
         plt.axis("off")
         plt.show()
```

图 12-13　英文词云生成实例

程序中生成的词云图片文件 pywcloud1.png 可在源程序同目录下查看。

中文词云应用实例如图 12-14 所示。

```
In [8]:  # 词云应用案例2：生成中文词云图
         import jieba
         import wordcloud
         txt1 = '程序设计语言是计算机能够理解和\
         识别用户操作意图的一种交互体系，它按照\
         特定规则组织计算机指令，使计算机能够自\
         动进行各种运算处理。'
         # 要把词库msyh.ttc放在根目录下
         w=wordcloud.WordCloud(width=1000,font_path='msyh.ttc',height=700)
         # 中文需要先分词并组成空格分隔字符串
         w.generate(' '.join(list(jieba.cut(txt1))))
         w.to_file('pywcloud2.png')
         #以下代码是使用matplotlib绘制图形
         import matplotlib.pyplot as plt
         plt.imshow(w)
         plt.axis("off")
         plt.show()
```

图 12-14　中文词云生成实例

程序中生成的词云图片文件 pywcloud2.png 可在源程序同目录下查看。

## 12.4.3 Matplotlib 库

### 1.Matplotlib 库概述

Matplotlib 是 matrix ＋ plot ＋ library 的缩写，Matplotlib 是 Python 的一个绘图库，与 numpy、pandas 共享"数据科学三剑客"的美誉，也是很多高级可视化库的基础。Matplotlib 不是 Python 内置库，调用前需手动安装，且需依赖 numpy 库。

Matplotlib 是 Python 的绘图库，它能让使用者很轻松地将数据图形化，并且提供多样化的输出格式。Matplotlib 可以用来绘制各种静态、动态、交互式的图表。Matplotlib 是一个非常强大的 Python 画图工具，我们可以使用该工具将很多数据通过图表的形式更直观地呈现出来。

Matplotlib 可以绘制线图、散点图、等高线图、条形图、柱状图、3D 图形，甚至是图形动画等。

### 2.Matplotlib 安装

（1）使用 pip 工具安装，使用如下命令：

```
pip install matplotlib
```

注意：前提是要安装 Python 到环境变量中去，不然在来用的时候可能找不到这个库。

（2）安装 anaconda，anaconda 本身已经包含这些 Matplotlib 库。可以使用如下命令查看是否已经安装：

```
pip list
```

不过，Matplotlib 的版本和 anaconda 版本有关，如果版本不是最新，可以更新。

**3.Matplotlib 的基础与使用**

首先，Matplotlib 是第三方库，在使用的时候需要调用它，调用格式如下：

```
from matplotlib import pyplot as plt
```

上述语句中的 as 保留字后的 plt 相当于给 matplotlib.pyplot 起的别名，有助于提高代码的可读性。

Matplotlib 库由一系列有组织、有隶属关系的对象构成，这对于基础绘图操作来说过于复杂。因此 Matplotlib 提供了一套快捷命令式的绘图接口函数，即 pyplot 子模块。pyplot 模块将绘图所需的对象构建过程封装在函数中，对用户提供了更加友好的接口。pyplot 模块提供一批预定义的绘图函数，大多少函数可以从函数名辨别它的功能。

下面介绍中，使用 plt 代替 matplotlib.pyplot。plt 子库提供了一批操作和绘图函数，每个函数代表对图像进行的一个操作，比如创建绘图区域、添加标注或者修改坐标轴等。这些函数采用 plt.<f>()形式调用，其中 f 是具体的函数名称。

plt 子库中包含了 4 个与绘图区域有关的函数，见表 12-11。

表 12-11　　　　　　　　　　**plt 子库的绘图区域函数（共 4 个）**

| 函数 | 描述 |
| --- | --- |
| plt.figure(figsize＝None,facecolor＝None) | 创建一个全局绘图区域 |
| plt.axes(rect,axisbg＝'w') | 创建一个坐标系风格的子绘图区域 |
| plt.subplot(nrows,ncols,plot_number) | 在全局绘图区域中创建一个子绘图区域 |
| plt.subplots_adjust() | 调整子绘图区域的布局 |

plt 子库提供了一组读取和显示相关的函数，用于在绘图区域中增加显示内容及读入数据，见表 12-12，这些函数需要和其他函数搭配使用，先了解入门即可。

表 12-12　　　　　　　　　　**plt 子库的读取和显示函数（共 6 个）**

| 函数 | 描述 |
| --- | --- |
| plt.legend() | 在绘图区域放置绘图标签（也称图注） |
| plt.show() | 显示创建的绘图对象 |
| plt.matshow() | 在窗口显示数字矩阵 |
| plt.imshow() | 在 axes 上显示图像 |
| plt.imsave() | 保存数组为图像文件 |
| plt.imread() | 从图像文件中读取数组 |

plt 子库提供了 17 个用于绘制"基础图表"的常用函数，见表 12-13。

表 12-13　　　　　　　　　　**plt 子库的基础图表函数**

| 操作 | 描述 |
| --- | --- |
| plt.plot(x,y,label,color,width) | 根据 x、y 数字绘制直、曲线 |
| plt.boxplot(data,notch,position) | 绘制一个箱型图 |

（续表）

| 操作 | 描述 |
| --- | --- |
| plt.bar(left,height,width,bottom) | 绘制一个条形图 |
| plt.barh(bottom,width,height,left) | 绘制一个横向条形图 |
| plt.polar(theta,r) | 绘制极坐标图 |
| plt.pie(data,explode) | 绘制饼图 |
| plt.psd(x,NFFT=256,pad_to,Fs) | 绘制功率谱密度图 |
| plt.specgram(x,NFFT=256,pad_to,F) | 绘制谱图 |
| plt.cohere(x,y,NFFT=256,Fs) | 绘制 x-y 的相关性函数 |
| plt.scatter() | 绘制散点图(x、y 是长度相同的序列) |
| plt.step(x,y,where) | 绘制步阶图 |
| plt.hist(x,bins,normed) | 绘制直方图 |
| plt.contour(x,y,z,n) | 绘制等值线 |
| plt.vlines() | 绘制垂直线 |
| plt.stem(x,y,linefmt,markerfmt,basefmt) | 绘制曲线每个点到水平轴线的垂线 |
| plt.plot_date() | 绘制数据日期 |
| plt.pltfie() | 绘制数据后写入文件 |

plot()函数是用于绘制执行的最直接的基础函数,调用方式很灵活,x 和 y 可以是 numpy 计算出的数组,并用关键字参数指定各种属性。其中 label 表示设置标签并在图例(legend)中显示,color 表示曲线的颜色,linewidth 表示曲线的宽度。绘制简单曲线示例如图 12-15 所示。

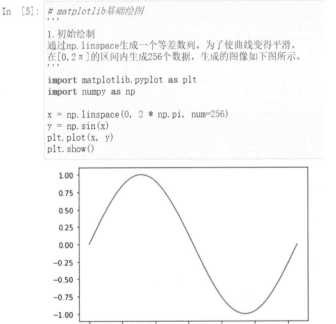

图 12-15　绘制简单曲线示例

plt 子库有两个坐标系包括:图像坐标和数据坐标。图像坐标将图像所在区域左下角视为原点,将 x 方向和 y 方向设定为 1。整体绘图区域有一个图像坐标,每个 axes()和 subplot()函数产生的子图也有属于自己的图像坐标。Axes()函数参数 rect 指当前产生的子区域相对于整个区域的图像坐标。数据坐标以当前绘图区域的坐标轴为参考,显示每个数据点的相对位置,这与坐标系里面标记数据点一致。

plt 子库与坐标轴设置相关的函数见表 12-14。

表 12-14　　　　　　　　　**plt 子库与坐标轴设置相关的函数**

| 函数 | 描述 |
| --- | --- |
| plt.axis('v','off','equal','scaled','tight','image') | 获取设置轴属性的快捷方法 |
| plt.xlim(xmin,xmax) | 设置当前 x 轴取值范围 |
| plt.ylim(ymin,ymax) | 设置当前 y 轴取值范围 |
| plt.xscale() | 设置 x 轴缩放 |
| plt.yscale() | 设置 y 轴缩放 |
| plt.autoscale() | 自动缩放轴视图的数据 |
| plt.text(x,y,s,fontdic,withdash) | 为 axes 图轴添加注释 |
| plt.thetagirds(angles,labels,fmt,frac) | 设置极坐标网格 theta 的位置 |
| plt.grid(on/off) | 打开或者关闭坐标网格 |

plt 子库设置坐标系标签的相关函数如表 12-15 所示。

表 12-15　　　　　　　　　**plt 子库的标签设置函数**

| 函数 | 描述 |
| --- | --- |
| plt.figlegend(handles,label,loc) | 为全局绘图区域放置图注 |
| plt.legend() | 为当前坐标图放置图注 |
| plt.xlabel(s) | 设置当前 x 轴的标签 |
| plt.ylabel(s) | 设置当前 y 轴的标签 |
| plt.xticks(array,'a','b','c') | 设置当前 x 轴刻度位置的标签和值 |
| plt.yticks(array,'a','b','c') | 设置当前 y 轴刻度位置的标签和值 |
| plt.clabel(cs,v) | 为等值线图设置标签 |
| plt.get_figlabels() | 返回当前绘图区域的标签列表 |
| plt.figtext(x,y,s,fontdic) | 为全局绘图区域添加文字 |
| plt.title() | 设置标题 |
| plt.suptitle() | 为当前绘图区域添加中心标题 |
| plt.text(x,y,s,fontdic,withdash) | 为坐标图轴添加注释 |
| plt.annotate<br>(note,xy,xytext,xycoords,textcoords,arrowprops) | 用箭头在指定数据点创建一个注释或一段文本 |

**4.Matplotlib 库的应用案例**

使用 Matplotlib 软件包的 pyplot 子模块的 plot()函数绘制一个线性函数,np.arange()函数创建 x 轴上的值。y 轴上的对应值存储在另一个数组对象 y 中。图形由 show()函数显示。实例效果如图 12-16 所示。

```
In [12]: # matplotlib

import numpy as np
from matplotlib import pyplot as plt
# 如果显示中文，要指定中文字体
plt.rcParams['font.family']='SimHei'
x = np.arange(1, 11)
y = 2 * x + 5
plt.title("Matplotlib 示例")
plt.xlabel("x轴", fontsize=15)
plt.ylabel("y轴", fontsize=15)
plt.plot(x, y)
plt.show()
```

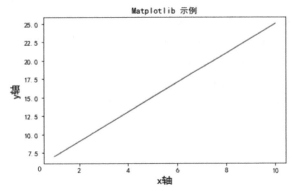

图 12-16 Matplotlib 示例

使用 Matplotlib 生成条形图示例如图 12-17 所示。

```
In [17]: # pyplot 子模块提供bar()函数来生成条形图。
from matplotlib import pyplot as plt
# 如果显示中文，要指定中文字体
plt.rcParams['font.family']='SimHei'
x = [5, 8, 10]
y = [12, 16, 6]
x2 = [6, 9, 11]
y2 = [6, 15, 7]
plt.bar(x, y, align = 'center')
plt.bar(x2, y2, color = 'g', align = 'center')
plt.title('条形图')
plt.xlabel("x轴", fontsize=15)
plt.ylabel("y轴", fontsize=15)
plt.show()
```

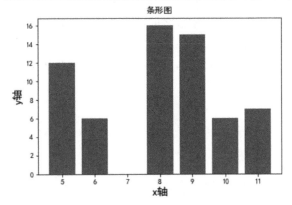

图 12-17 条形图示例

Matplotlib 能够生成非常丰富的各种图像，读者可以自行深入学习。

**12.5** **实践任务**

### 12.5.1　实验案例1：使用 random 库函数实现猜数游戏

让计算机能够随机产生一个预设数字，范围在 0～100，让用户通过键盘输入所猜的数，如果大于预设的数，显示"遗憾，猜的太大了！"；小于预设的数，显示"遗憾，猜的太小了！"，如此循环，直至猜中该数，显示"预测 N 次，你猜中了！"，其中 N 是用户输入数字的次数。当用户输入出错时，给出"输入内容必须为整数！"的提示，并让用户重新输入。用户可以循环玩猜数游戏，直到退出。实例效果如下图所示。

```
请输入1~100的整数:50
遗憾，猜的太大了！
请输入1~100的整数:25
遗憾，猜的太小了！
请输入1~100的整数:30
遗憾，猜的太小了！
请输入1~100的整数:40
遗憾，猜的太小了！
请输入1~100的整数:45
遗憾，猜的太小了！
请输入1~100的整数:48
遗憾，猜的太小了！
请输入1~100的整数:49
猜测7次，恭喜，猜对了！

下一轮游戏? 结束:n，继续:y -
```

**1.实验案例目标**

掌握 random 库函数以及循环语句的使用。

**2.实验案例分析**

(1)首先使用 random 生成(0,100)之间的随机数；

(2)使用 input()接收用户的输入，并校验是否为整数；

(3)比较随机数和用户输入整数之间的大小进行循环判断；

(4)猜对进行提示，共猜了几轮；

(5)提示玩家是否继续，如果是，玩下一轮，否则，退出游戏。

**3.编码实现**

```python
#猜数游戏
import random
flag = 'y'
while True：
    rd = random.randint(0,100)
#   print("已生成随机数",rd)
    num = 0;
    while True：
```

```
try:
    x = eval(input("请输入 1~100 的整数:"))
except:
    print("输入内容必须为整数!")
else:
    if not isinstance(x,int):
        print("输入内容必须为整数!")
        continue
    num += 1
    if x<rd:
        print("遗憾,猜的太小了!")
    elif x>rd:
        print("遗憾,猜的太大了!")
    else:
        print("猜测{}次,恭喜,猜对了!".format(num))
        break
flag = input("下一轮游戏? 结束:n, 继续:y  -")
if flag not in ['y','Y']:
    break
```

**4.运行测试**

运行代码,控制台输出结果如下(每次结果会不一样):

请输入 1~100 的整数:50

遗憾,猜的太大了!

请输入 1~100 的整数:25

遗憾,猜的太小了!

请输入 1~100 的整数:30

遗憾,猜的太小了!

请输入 1~100 的整数:40

遗憾,猜的太小了!

请输入 1~100 的整数:45

遗憾,猜的太小了!

请输入 1~100 的整数:48

遗憾,猜的太小了!

请输入 1~100 的整数:49

猜测 7 次,恭喜,猜对了!

下一轮游戏? 结束:n, 继续:y - n

## 12.5.2 实验案例 2:出场人物词频统计

在进行自然语言处理时,往往希望统计某一篇文章中多次出现的词语,进而简要分析文章的主要内容。在对网络信息自动检索和归档时,也会遇到同样的问题,这就是"词频统计"问题。词频统计通常以词语为键,计数器为值,构成<单词>:<出现次数>的键值对。

《三国演义》是四大名著之一,里面有几百个各具特色的人物。那这些人物谁出场最多呢？请使用 jieba 库对三国演义文本进行分词，然后统计各位人物出场的频次，并取前 30 名进行显示，最后使用 Matplotlib 进行可视化。三国演义文本保存为：三国演义.txt。实例效果如下图所示。

| 1 | 曹操 | 1451 |
| 2 | 孔明 | 1383 |
| 3 | 刘备 | 1252 |
| 4 | 关羽 | 784 |
| 5 | 张飞 | 358 |
| 6 | 吕布 | 300 |
| 7 | 赵云 | 278 |
| 8 | 孙权 | 264 |
| 9 | 司马懿 | 221 |
| 10 | 周瑜 | 217 |
| 11 | 袁绍 | 191 |
| 12 | 马超 | 185 |
| 13 | 魏延 | 180 |
| 14 | 黄忠 | 168 |
| 15 | 姜维 | 151 |
| 16 | 马岱 | 127 |
| 17 | 庞德 | 122 |
| 18 | 孟获 | 122 |
| 19 | 刘表 | 120 |
| 20 | 夏侯惇 | 116 |
| 21 | 董卓 | 114 |
| 22 | 孙策 | 108 |
| 23 | 鲁肃 | 107 |
| 24 | 徐晃 | 97 |
| 25 | 关兴 | 97 |
| 26 | 司马昭 | 89 |
| 27 | 夏侯渊 | 88 |
| 28 | 王平 | 88 |
| 29 | 刘璋 | 85 |
| 30 | 袁术 | 84 |

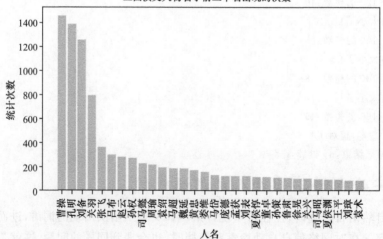

三国演义人物名字前三十名出现的次数

**1.实验案例目标**

掌握 jieba 库和 Matplotlib 库以及字典的综合应用。

**2.实验案例分析**

(1)首先使用 jieba 库进行分词；

(2)其次定义停用词；

(3)根据业务逻辑使用字典进行统计；

(4)保存统计结果；

(5)进行可视化。

**3.编码实现**

```python
#《三国演义》词频统计案例
import jieba
from bs4 import BeautifulSoup
import requests
import pandas as pd
from matplotlib import pyplot as plt
excludes = {"将军","却说","荆州","二人","不可","不能","如此","商议","如何","主公","军士","左右","军马","引兵","次日","大喜","天下","东吴","于是","今日","不敢","魏兵","陛下","一人","都督","人马","不知","汉中","只见","众将","后主","蜀兵","上马","大叫","太守","此人","夫人","先主","后人","背后","城中","天子","一面","何不","大军","忽报","先生","百姓","何故","然后","先锋","不如","赶来","原来","令人","江东","下马","喊声","正是","徐州","忽然","因此","成都","不见","未知","大败","大事","之后","一军","引军","起兵","军中","接应","进兵","大惊","可以","以为","大怒","不得","心中","下文","一声","追赶","粮草","曹兵","一齐","分解","回报","分付","只得","出马","三千","大将","许都","随后","报知","前面","之兵","且说","众官","洛阳","领兵","何人","星夜","精兵","城上","之计","不肯","相见","其言","一日","而行","文武","襄阳","准备","若何","出战","亲自","必有","此事","军师","之中","伏兵","祁山","乘势","忽见","大笑","樊城","兄弟","首级","立于","西川","朝廷","三军","大王","传令","当先","五百","一彪","坚守","此时","之间","投降","五千","埋伏","长安","三路","遣使","英雄"}
txt = open("三国演义.txt","r",encoding='utf-8').read()
words = list(jieba.cut(txt))
counts = {}
for word in words:
    if len(word) == 1:
        continue
    elif word == "诸葛亮" or word == "孔明曰":
        rword = "孔明"
    elif word == "关公" or word == "云长":
        rword = "关羽"
    elif word == "玄德" or word == "玄德曰":
        rword = "刘备"
    elif word == "孟德" or word == "丞相":
        rword = "曹操"
    else:
        rword = word
```

```
            counts[rword] = counts.get(rword, 0) + 1
    for word in excludes：
            del counts[word]
    items = list(counts.items())
    items.sort(key=lambda   x:x[1], reverse=True)
    name=[]
    times=[]
    for i in range(30)：
            word,count = items[i]
            print("{0:<10}{1:>5}".format(word, count))
            name.append(word)
            times.append(count)
    print(name)
    print(times)
    id=[]
    for i in range(1,31)：
            id.append(i)
    df = pd.DataFrame({
            'id':id,
            'name':name,
            'times':times,
    })
    df = df.set_index('id')
    print(df)
    df.to_excel('三国.xlsx')
    print("DONE!")
    print('生成文件成功,下一步进行可视化!')

    dirpath = '三国.xlsx'
    data = pd.read_excel(dirpath,index_col='id',sheet_name='Sheet1')
    print('OK!,数据正常加载!')

    plt.bar(data.name,data.times,color="#87CEFA")
    plt.rcParams['font.sans-serif'] = ['SimHei']
    plt.rcParams['axes.unicode_minus'] = False
    plt.title('三国演义人物名字前三十名出现的次数',fontsize=16)
    plt.xlabel('人名')
    plt.ylabel('统计次数')
    plt.xticks(data.name,rotation='90')
    plt.tight_layout()
    imgname = '三国.jpg'
    plt.savefig(imgname)
    plt.show()
    print('柱状图生成完毕,程序执行完毕!')
```

### 4.运行测试

运行代码,控制台输出结果示例如下:

| id | name | times |
|----|------|-------|
| 1 | 曹操 | 1451 |
| 2 | 孔明 | 1383 |
| 3 | 刘备 | 1252 |
| 4 | 关羽 | 784 |
| 5 | 张飞 | 358 |
| 6 | 吕布 | 300 |
| 7 | 赵云 | 278 |
| 8 | 孙权 | 264 |
| 9 | 司马懿 | 221 |
| 10 | 周瑜 | 217 |
| 11 | 袁绍 | 191 |
| 12 | 马超 | 185 |
| 13 | 魏延 | 180 |
| 14 | 黄忠 | 168 |
| 15 | 姜维 | 151 |
| 16 | 马岱 | 127 |
| 17 | 庞德 | 122 |
| 18 | 孟获 | 122 |
| 19 | 刘表 | 120 |
| 20 | 夏侯惇 | 116 |
| 21 | 董卓 | 114 |
| 22 | 孙策 | 108 |
| 23 | 鲁肃 | 107 |
| 24 | 徐晃 | 97 |
| 25 | 关兴 | 97 |
| 26 | 司马昭 | 89 |
| 27 | 夏侯渊 | 88 |
| 28 | 王平 | 88 |
| 29 | 刘璋 | 85 |
| 30 | 袁术 | 84 |

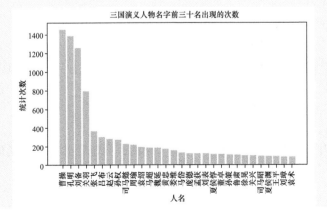

## 12.6　本章小结

本章首先介绍了 Python 生态库以及常用生态库的应用领域,其次介绍了常用内置生态库的安装与使用,包括 random 的安装和使用、datatime 的安装和使用;再次介绍了常用第三方生态库的安装和使用,主要包括 jieba 库的安装与使用,wordcloud 库的安装与使用,Matplotlib 库的安装与使用;最后给出了两个综合性案例:猜数游戏和词频统计,实现对所学知识的综合应用。通过本章的学习,希望读者能够掌握常用生态库的简单应用。

## 12.7　习　题

一、填空题

1.Python 生态库包括 _____ 和 _____ 两类库,覆盖了网络爬虫、_____、_____、_____、机器学习、_____、网络应用开发、游戏开发、虚拟现实、图形艺术、图像处理等多个领域,为各个领域的 Python 开发者提供了极大便利。

2._____是一种按照一定的规则,自动从网络上抓取信息的程序或者脚本。

3._____指用适当的统计分析方法对收集来的大量数据进行分析,将它们加以汇总、理解与标准化,以求最大化地发挥数据的作用。

4.文本处理即对文本内容的处理,包括_____的分类、_____的提取、文本内容的转换等等。

5.Python 生态库主要通过 _____、Seaborn、Mayavi 等库为数据可视化领域提供支持。

6.datatime 是 Python 的_____库,jieba 是_____库。

二、选择题

阅读下面程序:

random.randrange(1,15,3)

下列选项中,不可能为以上程序输出结果的是(　　)。

A.1　　　　　　B.4　　　　　　C.7　　　　　　D.11

三、简答题

简述 Python 生态库覆盖的领域。

四、编程题

编程实现四大名著之一的《红楼梦》出场人物的词频统计并进行可视化展示。

# 参考文献

[1]黑马程序员. Python 快速编程入门[M].第 2 版.北京:人民邮电出版社,2021.

[2]嵩天,礼欣,黄天羽.Python 语言程序设计基础[M].第 2 版.北京:高等教育出版社,2020.

[3]黑马程序员.Python 程序开发案例教程[M].第 1 版.北京:中国铁道出版社有限公司,2019.

[4]赵广辉.Python 语言及其应用[M].第 1 版.北京:中国铁道出版社有限公司,2019.

[5]明日科技.Python 项目开发案例集锦[M].吉林:吉林大学出版社,2019.

[6]黑马程序员.Python 数据分析与应用:从数据获取到可视化[M].第 1 版.北京:中国铁道出版社有限公司,2020.

[7]齐文光.Python 网络爬虫实例教程[M].第 1 版.北京:人民邮电出版社,2018.

[8]高博,刘冰,李力.Python 数据分析与可视化从入门到精通[M].第 1 版.北京:北京大学出版社,2020.